国家电网有限公司电网小型基建工程
质量通病防治手册

国家电网有限公司后勤工作部　编

中国电力出版社
CHINA ELECTRIC POWER PRESS

本书编委会

主 任：彭建国

副主任：李乃均　李凯轩　杜　军　娄　为　陈玉树

委 员：（按姓氏笔画排序）

万美芳　王　旭　王　舒　毛　霆　帅更生　卢兆苏　朱　盛　任　纯　刘　崎　刘　斌

刘玉洋　刘守刚　刘钢华　杨　光　杨尔欣　苏　震　李旭东　辛克升　汪海涛　张　天

张　涛　张志强　张俊敏　张献忠　陈　峰　林海源　杭　民　范　京　赵生传　相智材

郭学林　曹效众　康梦君　蒋　勇　韩　荣　潘国栋　戴长军　魏学忠

本书编写组

主 编：张　天

副主编：杨成国　孟庆大　袁合勇　龚　宁　郑卫武

成 员：（按姓氏笔画排序）

马国强　王　晓　王　彬　王　震　王大洋　王世平　王邦磊　尹华山　申　光　冯长征

曲维凯　朱　杰　刘永浩　刘学军　许　强　牟敦峰　杨　茜　李　峰　冷明亮　张　洋

张　增　张学田　张桂俊　陈　晖　陈　微　林　锡　林宜锋　赵　伟　赵日凯　高月新

高心宇　郭栋材　郭晓岚　黄诗旺　谢洪栋　裴金龙　魏树林

PREFACE 前 言

为贯彻落实国家电网有限公司关于电网小型基建工程建设管理的工作要求，规范电网小型基建工程质量通病防治工作，落实质量通病治理技术措施，提升电网小型基建工程质量工艺水平，国家电网有限公司后勤工作部特组织编写《国家电网有限公司电网小型基建工程质量通病防治手册》。

本手册编写过程中，遵循国家相关法律法规、行业标准和国家电网有限公司管理要求，全面阐述了电网小型基建工程施工阶段中，常见质量通病的预防措施和治理措施，内容涵盖电网小型基建工程的土建、装饰装修、安装等专业，明确了每项质量通病的通病现象及描述、原因分析、预防措施及标准做法等。手册紧密结合工作实际，直观、准确地为电网小型基建工程质量管理提供技术支持。

本手册分为三大部分：

第一部分总述。主要讲述手册编制目的和适用范围、定义及内容、编制依据、管理职责和质量通病防治的管理措施等。

第二部分质量通病预防措施。主要阐述土建工程、装饰装修工程、安装工程及脚手架工程四个章节，共 194 项质量通病的技术防控措施。

第三部分质量通病治理措施。主要阐述对应专业共计 30 条典型质量通病的治理措施。

手册适用于公司系统电网小型基建项目建设管理人员，是各级工程管理人员精准管控工程质量的实用读本。

手册的编写由国家电网有限公司后勤工作部统一组织，国网山东省电力公司、国网上海市电力公司、国网福建省电力有限公司等单位联合编制。在本手册编写过程中还得到了其他兄弟单位的支持和帮助，在此表示衷心的感谢。

鉴于编者知识水平所限，加之各地方工程质量通病管理存在差异化，手册难免有不足和疏漏之处，配图照片存在清晰度不高、代表性不足问题，敬请广大读者提出宝贵意见，国家电网有限公司后勤工作部将定期组织对手册进行滚动修编。

编写组

2019 年 12 月

CONTENTS 目 录

第一部分 总 述

1 / 编制目的和适用范围

根据国家坚定不移走高质量发展道路的总体要求，参照《国家电网有限公司电网小型基建项目管理办法》（国家电网企管〔2019〕425 号），按照质量通病"预防为主、防治结合"的原则，为提高电网小型基建工程管理人员专业管理水平，深化质量管控责任有效落地和质量通病问题的防治，实现公司系统电网小型基建质量管理水平的全面提升，提高建设效率和投资效益，最终推动公司"质量变革"突破。国家电网有限公司后勤工作部组织编写了《国家电网有限公司电网小型基建质量通病防治手册》。

本手册适用于国家电网有限公司总（分）部及所属各级全资、控股、代管单位电网小型基建工程管理。

2 / 定义及内容

电网小型基建工程质量通病是指在工程施工过程中经常发生且普遍存在，由于疏于管理而不易根治的各类影响工程结构安全、使用功能和外形观感的常见性质量损伤，主要存在普遍性、多发性、多样性的基本特征。

本手册主要从质量通病的预防措施和治理措施两个方面进行了描述，共计 194 项质量通病预防措施和 30 条质量通病治理措施。

质量通病预防措施主要从分部分项、通病现象及描述、原因分析、预防措施及标准做法和规范图片五个方面进行描述，主要涵盖土建工程、装饰装修工程、安装工程、脚手架工程四部分。其中，土建工程主要包括桩基、土方与基坑支护、钢筋、模板、混凝土、砌体、屋面等 63 条质量通病防治措施；装饰装修工程主要包括墙面、楼地面、吊顶、门窗、隔墙、防水、幕墙、细部及其他工程等 60 条质量通病防治措施；安装工程主要包括建筑给排水及采暖、建筑电气、消防、空调通风、建筑智能化、电梯安装等 54 条质量通病防治措施；脚手架工程主要包括

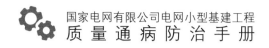

17 条常见质量通病防治措施。

　　质量通病治理措施主要对桩基工程、基础回填工程、混凝土工程、钢筋工程、防水工程、墙面抹灰工程、地面铺贴工程、保温工程、安装工程等施工过程中常见的 30 条质量通病提出了治理措施。

3 / 编制依据

　　质量通病防治除应符合以下标准规范外，还应符合其他国家、行业以及地方现行有关标准的规定。

《建筑地基基础工程施工质量验收标准》（GB 50202—2018）

《砌体结构工程施工质量验收规范》（GB 50203—2011）

《混凝土结构工程施工质量验收规范》（GB 50204—2015）

《木结构工程施工质量验收规范》（GB 50206—2012）

《屋面工程质量验收规范》（GB 50207—2012）

《地下防水工程质量验收规范》（GB 50208—2011）

《建筑地面工程施工质量验收规范》（GB 50209—2010）

《建筑装饰装修工程质量验收标准》（GB 50210—2018）

《建筑给水排水及采暖工程施工质量验收规范》（GB 50242—2002）

《通风与空调工程施工质量验收规范》（GB 50243—2016）

《建筑工程施工质量验收统一标准》（GB 50300—2013）

《建筑电气工程施工质量验收规范》（GB 50303—2015）

《建筑施工脚手架安全技术统一标准》（GB 51210—2016）

《建筑施工扣件式钢管脚手架安全技术规范》（JGJ 130—2011）

《建筑施工碗扣式钢管脚手架安全技术规范》（JGJ 166—2016）

《国家电网有限公司电网小型基建项目管理办法》（国家电网企管〔2019〕425号）

《国家电网公司小型基建项目建设标准》（国家电网企管〔2015〕625号）

4 管理职责

为进一步加强电网小型基建工程质量管理，提升质量通病防治管理水平，根据工程实际情况，开工前建议成立质量通病防治管理小组，以建设单位、监理单位、施工单位、设计单位、主要供货商等各参建单位项目负责人为主要成员，负责全面开展质量通病防治管理工作，制定质量通病防治目标和措施，并对工程施工全过程质量通病防治情况进行总结、改进。同时通过开展质量通病防治 QC 活动、质量通病防治课题研究等形式，防范施工过程中遇到的质量通病。

4.1　建设单位

（1）坚持以严格精细化质量标准为原则，通过提高工程参建人员质量意识、规范质量工作行为，强化过程监控及树立创新理念，规范、改进施工工艺，实现质量通病的有效防治。

（2）负责落实质量通病防治管理工作责任；负责确定防治质量通病目标，制定质量通病防治奖罚措施并监督实施。

（3）督促质量通病防治过程管控，按照预防措施对重点部位或环节进行监督、抽测。

（4）负责批准施工单位提报的《××工程质量通病防治措施》。

（5）负责协调和解决质量通病防治过程中出现的管理问题。

（6）负责将质量通病防治列入工程检查、验收内容。

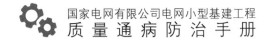

4.2 设计单位

（1）负责设计产品的质量。涉及危险性较大的重点部位和环节的，应在设计文件中提出相关要求和意见，或进行专项设计，并进行技术交底。

（2）根据质量通病防治要求对建筑做法及标准工艺进行优化或创新。

（3）参与建设工程质量通病分析，并提出相应的技术处理方案。

4.3 监理单位

（1）负责审查施工单位提交的《××工程质量通病防治措施》和管理制度，并加强监控力度。

（2）负责对施工关键工序、重点部位进行有效监控，开展旁站、巡视、平行检验；对查处的问题从施工工艺和质量标准上提出整改意见，督促及时整改；充分利用周例会制度，分析总结治理质量通病活动情况，提出下一步控制重点。

（3）负责隐蔽工程和工序质量的验收签字，上道工序不合格时，不允许进入下一道工序施工。

（4）负责审核专项施工方案，并监督实施。

（5）工程完工后，负责填写《××工程质量评估报告》。

4.4 施工单位

（1）成立以施工项目经理、项目技术负责人、各专业施工员、施工班组长等为主要成员的质量通病防治工作小组，确保质量通病防治措施得到落实。

（2）根据工程特点，负责编制《××工程质量通病防治措施》，明确治理目标，经监理单位审查、建设单位批准后实施。

（3）专业分包工程的质量通病防治措施由分包单位编制，施工项目部审核，报监理项目部审查、建设单位批准后实施。

（4）履行对分包单位的管理责任。

（5）严格执行试验检测见证取样制度，未经复试或复试不合格的原材料、半成品等不得用于工程施工。

（6）对危险性较大的分部分项工程严格执行相关管理规定，编制专项施工方案；超过一定规模的应组织专家论证，确保工程质量与安全。

（7）工程完工后，施工单位负责填写《××工程质量通病防治工作总结》。

4.5　供货商

（1）对进场所供应的材料、设备、构件、配件等货物的质量负责。

（2）严格按货物采购合同，进行货物供应，确保货物采购质量。

（3）履行工程物资保修责任。

（4）负责供货质量证明资料及验证记录的提供。

5 | 质量通病防治的管理措施

减少质量通病的出现需要通过严密的质量管理措施来监控实施，覆盖项目的设计阶段、施工准备阶段、施工阶段、验收阶段各个阶段，需要参建各方的各层管理人员及施工人员的重视。

5.1　设计阶段

项目设计负责人对项目进行总体安排，确定设计方案、设计工作计划、方案评审计划及质量通病防治要求。设计单位必须按照工程建设强制性标准进行设计并对设计的质量负责，设计文件应当符合国家规定的设计深度要求，文件中选用的建筑材料、建筑构配件和设备的质量要求必须符合国家标准的规定。

5.2　施工准备阶段

设计单位应当就审查合格的施工图设计文件向施工单位作出详细说明；施工单位应编制《××工程质量通病防治措施》，并经监理单位、建设单位审核通过后实施；施工项目部通过质量通病防治专题培训会、班前（后）会等形式，开展质量事故案例培训，宣贯质量通病防治内容；执行样板引路，制作满足规范要求的样板间（件）予以参考，或制作模型以加深实际操作人员对质量通病和做法的直观理解；实行挂牌展示，在标牌上写明工序相关质量做法及要求。

5.3　施工阶段

施工单位在工程施工过程中进一步编制科学、合理、经济、详细、周密的专项质量通病防治施工方案；施工单位必须按照工程设计图纸和施工技术标准施工，不得擅自修改工程设计，不得偷工减料，施工单位在施工过程中发现设计文件和图纸有差错的，应当及时提出意见和建议；施工单位针对各工序质量通病的防治，进行技术交底，制定详细的质量控制细则，明确各施工人员和管理人员的职责，制定详细的奖罚措施，规范开展班组自检、互检和项目部复检工作，通过应用建筑业新技术、新工艺、建筑信息建模（building information modeling，BIM）等先进技术手段严格控制施工全过程的质量通病，确保工程质量一次验收合格。

5.4　验收阶段

设计单位应当参与建设工程质量事故分析，并对因设计造成的质量事故，提出相应的技术处理方案；监理单位认真开展旁站、巡视、平行检验等质量通病控制工作，监督施工单位做好质量通病防治工作，发现施工存在质量问题或因采用不适当的施工工艺、施工不当，造成发生质量通病的，应及时上报建设单位，提出考核意见、处理措施；同时书面下达监理通知单，要求施工单位编制整改方案报监理单位审批，并监督整改验收。

第二部分 质量通病预防措施

1 / 土建工程

1.1 桩基工程

编号	分部分项工程	通病现象及描述	原因分析	预防措施及标准做法	规范图片
1.1.1	预制桩工程	桩身断裂：由于桩身制作质量、施工工艺不当、地质异常和环境影响等因素，造成桩身裂缝、断裂 	（1）桩的强度不足或制作桩的混凝土强度不符合要求。运输、起吊过程未保障到位。 （2）在反复集中荷载作用下，桩身不能承受抗弯强度。 （3）沉桩中穿过较硬土层进入软弱下卧层时，桩身处出现较大拉应力	（1）预制桩采购应符合设计要求。 （2）桩在堆放、吊运、运输过程中，应严格按照规定和操作规程执行，发现桩开裂情况，不得使用。 （3）遇有复杂地质时应适当加密地质探孔；当桩穿过较硬土层进入软弱下卧层时，适当控制锤击力、静压力	 击入管桩

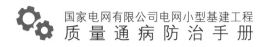
续表

编号	分部分项工程	通病现象及描述	原因分析	预防措施及标准做法	规范图片
1.1.2	长螺旋钻孔桩工程	孔底虚土多：成孔后孔底虚土超过规范要求 10cm 内的要求	（1）松散填土或含有杂物土层，成孔后土体塌落。 （2）钻杆加工不直或连接法兰不平造成拼接后弯曲；钻杆钻进过程中晃动造成局部扩大；孔口土未及时清理，提钻时部分土滑落孔底。 （3）出现上层滞水或成孔后未及时浇筑混凝土，孔壁暴露，水分蒸发造成孔壁土塌落	（1）根据工程地质勘查报告，具体设计桩类型。 （2）对钻杆、钻头应经常检查，不合要求的及时更换，并根据不同地质条件选择不同形式钻头；钻孔钻出的土应及时清理。 （3）对于上层滞水或雨季施工，应预先制定相关措施；成孔后及时浇筑混凝土	钻出土及时清理 混凝土及时浇筑

编号	分部分项工程	通病现象及描述	原因分析	预防措施及标准做法	规范图片
1.1.3	长螺旋钻孔桩工程	钢筋笼上浮、下沉：钢筋笼放置后上浮超出设计标高；柱顶钢筋笼往下沉	（1）上浮原因：相邻桩间距太近，施工时混凝土串孔或桩周土被挤紧，造成前一支桩钢筋笼上浮。 （2）下沉原因：桩顶钢筋笼固定措施不当	（1）预防上浮措施：桩间距较近时选用跳打方式，保证不串孔；控制好相邻桩的施工间隔时间。 （2）预防下沉措施：柱顶设置有效的固定措施，12h以后方可拆除	 先做●桩 再做○桩 间隔跳打方式

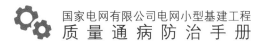

国家电网有限公司电网小型基建工程
质 量 通 病 防 治 手 册

续表

编号	分部分项工程	通病现象及描述	原因分析	预防措施及标准做法	规范图片
1.1.4	泥浆护壁成孔灌注桩工程	塌孔：成孔过程中或成孔后，孔壁塌落，造成钢筋笼放不到底，桩底部有很厚的泥夹层 	（1）泥浆比重不够或泥浆性能指标不符合要求，孔壁未形成坚实泥皮。 （2）护筒埋置太浅，下端孔口漏水、坍塌或受水浸湿泡软；钻机装置等振动使孔口坍塌。 （3）松软砂层钻进太快，提钻回钻速度太快，孔钻时间过长。 （4）清孔后泥浆密度、黏度等指标降低，清孔操作不当，清孔时间过久或清孔后停顿过久。 （5）吊入钢筋笼时碰撞孔壁	（1）松散粉砂土或流砂中钻进时，应控制钻进速度，选用较大密度、黏度、胶体率的泥浆。 （2）汛期地区变化过大时应采取升高护筒，增加水头，或采用虹吸管、连通管等措施保障水头稳定。 （3）清孔时应指定专人补浆，保证钻孔内必要水头高度。 （4）吊入钢筋笼时应对准钻孔中心竖直插入	 泥浆黏度测量

编号	分部分项工程	通病现象及描述	原因分析	预防措施及标准做法	规范图片
1.1.5	泥浆护壁成孔灌注桩工程	夹泥（断桩）：成桩后桩身中部没有混凝土或混凝土质量差，夹有泥土，严重的形成断桩	（1）混凝土流动性差或导管倾斜，堵塞导管形成桩身混凝土中断。 （2）混凝土不能连续浇筑，中断时间过长。 （3）提升导管钢丝绳受力不均匀；未控制好导管提升量，导致导管口埋入混凝土过深或脱离混凝土面	（1）严格控制混凝土坍落度符合设计及规范要求。 （2）与搅拌站提前沟通好并做好应急预案，确保混凝土连续浇筑。 （3）浇筑时专人测量，随时掌握导管埋入深度，埋入深度宜2~6m，避免导管脱离混凝土面	坍落度测量 混凝土顶面测量

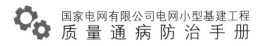

续表

编号	分部分项工程	通病现象及描述	原因分析	预防措施及标准做法	规范图片
1.1.6	人工挖孔灌注桩工程	塌孔：人工挖孔过程中，出现塌孔，成孔困难	（1）遇到复杂地层，出现上层滞水，造成塌孔。 （2）遇到干砂或含水的河流。 （3）地下水丰富，措施不当，造成护壁及成孔困难。 （4）雨季施工，成孔困难	（1）要有详细的工程地质勘查报告，必要时每孔要有探孔，以便事前采取措施。 （2）遇有上层滞水、地下水，出现流砂现象时，采用混凝土护壁。 （3）水量大、易塌孔的土层，除横向护壁，还要防止竖向护壁滑脱，护壁间采用纵向钢筋连接。 （4）雨季施工，孔口做混凝土护圈，或设排水沟抽排水	混凝土护壁 护壁纵向钢筋连接

1.2 土方与基坑支护工程

编号	分部分项工程	通病现象及描述	原因分析	预防措施及标准做法	规范图片
1.2.1	土方开挖	放坡未达到设计要求：机械或人工开挖放坡未达到设计要求 	（1）对施工人员交底不清，开挖时施工人员未认真查看设计或措施要求。 （2）未认真查看地质资料，对地质情况不熟悉。 （3）现场开挖测量标记不清。 （4）施工人员及各级管理人员未从思想上重视	（1）开挖前要对开挖措施进行仔细审阅，弄清开挖措施中的要求，施工前要认真查验技术交底。 （2）现场测量应严格按照图纸进行，并在现场作出明显标记。 （3）开挖过程中各级管理人员应加强检查，不符合要求时应及时制止，并提出正确处理方法。 （4）开挖完成后应对照设计要求再次检查核实，未达到要求及时整改	 坡面修整 完成坡面

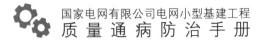

续表

编号	分部分项工程	通病现象及描述	原因分析	预防措施及标准做法	规范图片
1.2.2	土方开挖	涌砂、泡槽：地基被水淹泡，地基承载力降低	（1）开挖基坑（槽）未设排水沟或挡水堤，地面水流入基坑（槽）。（2）在地下水位以下挖土，未采取降水措施。（3）对雨季降水未采取有效排水措施	（1）开挖基坑（槽）周围应设挡水墙、排水沟等。（2）地下水位应降低至基底0.5m以下，方可进行土方开挖；并采取措施确保水位不回升。（3）基坑（槽）内设置排水沟和集水井，并预备足量水泵等满足连续排水要求。（4）关注天气预报，合理安排施工时间	排水沟 基坑 不透水层 1—排水沟 2—集水井 3—水泵 集水井降水 挡水墙 排水沟 挡水墙及排水沟

续表

编号	分部分项工程	通病现象及描述	原因分析	预防措施及标准做法	规范图片
1.2.3	土方开挖	超挖：土方开挖超过设计深度或者超过设计图标示开挖线	（1）机械开挖未预留人工修底土层。 （2）测量放线错误	（1）机械开挖，预留200mm及以上土层采用人工开挖及修平。 （2）加强测量复测，进行严格定位	人工修平

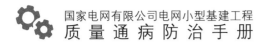

国家电网有限公司电网小型基建工程
质 量 通 病 防 治 手 册

续表

编号	分部分项工程	通病现象及描述	原因分析	预防措施及标准做法	规范图片
1.2.4	土方回填工程	压实度低：回填土压实度达不到设计要求，在荷载下变形量增大，承载力和稳定性降低，或导致不均匀下沉	（1）填方土料不符合要求，采用有机质含量大于5%的土、淤泥质土或杂填土作填料。 （2）土的含水量过大或过小，因而达不到最优含水量下的压实度要求。 （3）填土分层厚度过大、压实遍数不够或碾压机械行驶速度过快。 （4）碾压或夯实机具能量不够，影响深度较小，使压实度达不到要求	（1）选择符合要求的土料回填，土料过筛。如土料不符合要求，可采取换土或掺入石灰、碎石等措施压实加固。 （2）土料含水量过大，可采取翻松、晾晒、风干或掺入干土重新压、夯实。含水量过小时，在回填压实前适当洒水增湿。 （3）按所选用的压实机械性能，通过试验确定含水量，控制每层铺土厚度、压实遍数、机械行驶速度。严格进行水平分层回填、压（夯）实。加强现场检验，使其达到要求的压实度。 （4）如碾压机具能量过小，可采取增加压实遍数或使用大功率压实机械碾压等措施	分层压实 密实度检测

续表

编号	分部分项工程	通病现象及描述	原因分析	预防措施及标准做法	规范图片
1.2.5	土方回填工程	橡皮土：夯打土体时发生颤动，形成软塑状态而体积并没有压缩	（1）将含水量大的黏土或粉质黏土等作为回填土，由于土内水分不易渗透和散发，因而形成软塑状态的橡皮土。 （2）施工气温较高时，对其进行夯击或碾压，表面形成一层硬壳，阻止内部水分渗透和散发，使土形成软塑状态的橡皮土	（1）夯实填土时，确定最优含水量再进行回填。 （2）填方区如有地表水时，应设排水沟，如有地下水应降至基底0.5m以下。 （3）可用干土、石灰粉、砂石等材料均匀掺入土中降低含水量。 （4）避免在含水量过大的黏土、粉质黏土、淤泥质土、腐殖土等原状土上进行回填	掺石灰粉 翻松、晾干

国家电网有限公司电网小型基建工程
质 量 通 病 防 治 手 册

续表

编号	分部分项工程	通病现象及描述	原因分析	预防措施及标准做法	规范图片
1.2.6	土方回填工程	建筑室内回填土沉陷：建筑室内回填土局部或大片下沉，造成地坪垫层面层空鼓、开裂甚至塌陷破坏	（1）回填未按设计要求进行施工。 （2）未按规定厚度分层回填夯实，或底部松填，仅表面夯实，密实度不够。 （3）建筑室内局部有软弱土层或地坑、坟坑、积水坑等地下坑穴，施工时未处理或未发现，使用时超重造成局部塌陷	（1）选用合格回填土料，控制含水量在最优范围内。 （2）严格按规定分层回填、夯实及取样检测。 （3）对建筑室内原自然软弱土层进行处理。将有机质清理干净，地坑、坟坑、积水坑等按规范要求处理	回填土取样 回填土夯实

018

续表

编号	分部分项工程	通病现象及描述	原因分析	预防措施及标准做法	规范图片
1.2.7	基坑支护工程	边坡塌方：边坡土方局部或大面积塌方	（1）基坑开挖未按图纸施工。 （2）一次开挖较深，经不同土壤层未按其特性分别放坡。 （3）地下水位较高地区降、排水措施不当，地表水较多时，边坡土容重增大，滑动力增大造成塌方。 （4）坡顶堆载过大，造成边坡失稳塌方或滑坡。 （5）土质松软，开挖次序、方法不当而造成塌方	（1）基坑开挖前应仔细研究地质资料，严格按图纸施工，并根据不同土壤特性以及边坡高度进行分阶放坡。 （2）有地下水时在基坑（槽）底设置排水沟和集水井，水位降至槽底 0.5m 以下，并持续足够时间。 （3）基坑（槽）边缘堆载应满足设计荷载要求。 （4）雨季施工应分段开挖，做好排水措施并经常检查边坡和支护情况	 分层开挖 土钉墙施工

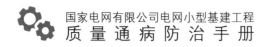

国家电网有限公司电网小型基建工程
质量通病防治手册

1.3 钢筋工程

编号	分部分项工程	通病现象及描述	原因分析	预防措施及标准做法	规范图片
1.3.1	钢筋工程	钢筋移位：钢筋排布位置受外力影响，发生位置移动	（1）模板固定不牢固，在施工过程中外力碰撞柱模板，致使柱钢筋与模板相对位置发生变动。 （2）箍筋制作误差大，内包尺寸不符合要求。 （3）混凝土垫块保护层不均匀、强度低、数量少甚至厚度不一致或固定不牢。 （4）施工人员随意踩踏、攀爬已绑扎完成的钢筋骨架。 （5）梁柱节点内钢筋较密，柱筋被挤偏位置	（1）严格控制箍筋加工尺寸，与主筋绑扎必须牢固，且不得遗漏。 （2）严格钢筋制作加工，认真复核箍筋内包尺寸。 （3）保证垫块厚度一致，严控垫块强度及数量。 （4）在梁柱交接处应用两个箍筋与柱纵向钢筋电焊固定，同时绑扎上部钢筋。 （5）采用梯子筋、定位箍筋等进行规范和固定。 （6）在施工作业面铺设条板或防踩踏人行马道	柱筋塑料垫块 墙筋定位

编号	分部分项工程	通病现象及描述	原因分析	预防措施及标准做法	规范图片
1.3.2	钢筋工程	表面锈蚀：钢筋表面出现黄色浮锈，严重转为红色，日久后变成暗褐色，甚至发生鱼鳞片剥落现象	（1）原材存放未设置钢筋存放台座或采取排水措施，易受到雨雪侵蚀。 （2）进场时间过早，原材存放时间长。 （3）仓储环境潮湿，通风不良。 （4）钢筋露天存放时，雨雪天气未提前进行覆盖保护。 （5）钢筋绑扎完成后未及时进行隐蔽	（1）钢筋原材应存放在仓库或料棚内，保持地面干燥。 （2）钢筋不得直接堆放在地上，应用混凝土或钢梁等垫起，距离地面高度不低于30cm。 （3）堆场四周应有排水措施。 （4）尽量缩短堆放期。 （5）露天钢筋放置应关注天气变化，在雨雪等天气应提前进行覆盖保护。 （6）绑扎完成后及时进行验收，并尽快隐蔽	 原材堆放 钢筋除锈

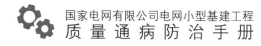
续表

编号	分部分项工程	通病现象及描述	原因分析	预防措施及标准做法	规范图片
1.3.3	钢筋工程	骨架尺寸变形：钢筋骨架弯曲，箍筋倾斜、位置不准确	（1）钢筋加工尺寸有误或绑扎时钢筋偏离规定位置。 （2）作业人员随意踩踏、攀爬已绑扎完成的钢筋骨架。 （3）梁柱节点内钢筋较密，柱筋被梁筋挤歪	（1）钢筋放样、加工时应按图纸、规范图集等施工。 （2）采取固定措施防止钢筋绑扎偏斜或骨架扭曲。 （3）严禁作业人员攀爬成品钢筋骨架。 （4）尽量避免梁板钢筋踩踏，必要时上铺条板或防踩踏人行马道	绑扎钢筋架体 固定钢筋

续表

编号	分部分项工程	通病现象及描述	原因分析	预防措施及标准做法	规范图片
1.3.4	钢筋工程	保护层超标：混凝土保护层过厚或者过薄	（1）保护层垫块厚度不准确，超出规范允许偏差范围。（2）垫块强度不足，施工过程受损坏无法有效控制保护层厚度。（3）垫块安放数量较少，钢筋变形造成保护层超标。（4）钢筋被工人踩踏变形	（1）检查垫块厚度、强度是否满足要求。（2）对板上部钢筋采取成品马凳加密设置。（3）根据平板面积大小适当调整垫块数量，以保证混凝土保护层厚度。（4）上铺条板或防踩踏人行马道	钢筋垫块

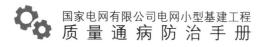

国家电网有限公司电网小型基建工程
质 量 通 病 防 治 手 册

续表

编号	分部分项工程	通病现象及描述	原因分析	预防措施及标准做法	规范图片
1.3.5	钢筋工程	接头不规范：同截面接头过多	（1）未按照图纸施工。 （2）钢筋配料时疏忽，未考虑原材料长度。 （3）对同一连接区段内接头率规定掌握不到位	（1）严格按照图纸施工。 （2）充分考虑钢筋原材长度，配料时严格按料单加工，加工成品做好标识，并避免混放，安装时接头按规范要求相互错开。 （3）轴心受拉和小偏心受拉杆件中的钢筋接头均应采取焊接或机械连接。 （4）纵向受力钢筋接头位置及同一连接区段内纵向受力钢筋的接头面积百分率应符合规范要求	注：图中所示搭接接头同一连接区段内的搭接钢筋为两根，当各钢筋直径相同时，接头面积百分率为50%。 L_1 为搭接长度。 **绑扎搭接区段** **同一区段连接区段套筒**

编号	分部分项工程	通病现象及描述	原因分析	预防措施及标准做法	规范图片
1.3.6	钢筋工程	箍筋倾斜：钢筋绑扎顺绑，固定不牢，未按图纸要求间距和位置进行绑扎 	（1）施工操作不规范，导致箍筋间距不一致。 （2）按大概尺寸绑扎，造成间距不一致。 （3）整体钢筋骨架变形，绑丝顺绑且固定不牢，发生变形	（1）绑扎前应根据配筋图预先算好箍筋实际间距，并画线作为绑扎时的依据。 （2）双向主筋的钢筋网，钢筋相交点应全部扎牢。相邻绑扎点的绑丝成八字扣，以免歪斜变形。 （3）已经绑好的钢筋骨架发现箍筋间距不一致时，可做局部调整或增加1~2个箍筋	钢筋绑扎皮数杆 梁筋绑扎

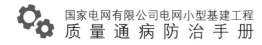

续表

编号	分部分项工程	通病现象及描述	原因分析	预防措施及标准做法	规范图片
1.3.7	钢筋工程	丝头裸露：钢筋端部直螺纹丝扣加工完成后，未对丝扣进行有效保护	（1）现场人员对钢筋丝头进行成品保护意识差。 （2）保护帽型号与钢筋规格不匹配，容易脱落。 （3）模板或混凝土施工时将保护帽毁坏	（1）完善技术交底和钢筋工考核，确保丝头成品保护要求到位。 （2）根据不同钢筋规格分别安放保护帽。 （3）钢筋端部直螺纹丝扣加工完成后，及时使用成品塑料帽对丝扣进行保护，并要求其他工种施工时注意成品保护，并对损坏部分及时恢复	堆放区丝头保护 施工区丝头保护

续表

编号	分部分项工程	通病现象及描述	原因分析	预防措施及标准做法	规范图片
1.3.8	钢筋工程	弯钩长度不足：箍筋加工后平直段长度不满足规范要求	（1）未按照图纸施工。 （2）对相关规范标准图集理解有误或计算有误，钢筋下料长度不足。 （3）加工机械陈旧，存在加工偏差。 （4）作业工人过度追求施工进度及现场安装方便等因素	（1）严格按照图纸施工。 （2）认真核对图纸和熟悉规范要求，精确计算配料单。 （3）加强工人培训教育；实际放样核对料单无误后批量加工。 （4）检查加工机械，校正偏差。 （5）箍筋弯后平直部分长度：对一般结构，不宜小于箍筋直径的5倍。对有抗震等要求的结构，不应小于箍筋直径的10倍	弯钩说明 平直部分长度

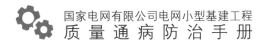
续表

编号	分部分项工程	通病现象及描述	原因分析	预防措施及标准做法	规范图片
1.3.9	钢筋工程	钢筋绑扎不规范：钢筋绑扎跳绑、漏绑或顺绑	（1）作业工人未接受技术交底或接底不到位。 （2）作业人员质量意识淡薄。 （3）现场质检工作不到位，作业工人过度追求施工进度	（1）加强作业工人技术交底和培训工作，并强化过程巡检。 （2）网片绑扎铁丝要交换方向，呈"八"形。 （3）绑扎接头应以三道双铁丝扎牢。每根钢筋在搭接长度内必须采用三点绑扎，用双丝绑扎搭接钢筋两端30mm处，中间再绑扎一道	搭接绑扎 板筋绑扎

续表

编号	分部分项工程	通病现象及描述	原因分析	预防措施及标准做法	规范图片
1.3.10	钢筋工程	搭接长度不足：钢筋绑扎后，搭接长度不满足规范要求	（1）钢筋下料长度不足。 （2）钢筋抽样人员对图纸、规范要求掌握不全面。 （3）施工过程中，钢筋位置放置不准确，出现长短头	（1）认真核对图纸并熟悉规范要求，精确计算配料单。 （2）钢筋安装时核对配料单和构件尺寸，纵向受拉钢筋的最小搭接长度应符合验收规范要求。 （3）受压钢筋绑扎接头的搭接长度应满足规范要求。 （4）两根直径不同钢筋的搭接长度，以较细钢筋直径计算	最小搭接长度 板筋搭接

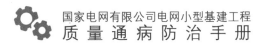
续表

编号	分部分项工程	通病现象及描述	原因分析	预防措施及标准做法	规范图片
1.3.11	钢筋工程	锚固长度不足：钢筋加工或安装后，不满足规范要求锚固长度要求	（1）未按照图纸施工。 （2）钢筋下料长度不足。 （3）作业人员操作不规范，未按图纸、规范图集等施工。 （4）现场特殊施工情况无法满足设计图纸锚固要求	（1）严格按照图纸施工。 （2）认真核对图纸和熟悉规范要求，精确计算配料单。 （3）钢筋安装时认真核对配料单和构件尺寸。 （4）当受力钢筋平直伸入支座长度不符合锚固要求时，可采用弯折形式。 （5）特殊情况时应及时与设计单位沟通，满足相关要求	最小锚固长度 梁筋锚固要求 （a）顶层端节点梁下部钢筋端头加锚头（锚板）锚固；（b）顶层端支座梁下部钢筋直锚 l_{abE}—受拉钢筋基本锚固长度；h_c—截面宽度；d—锚固长度

编号	分部分项工程	通病现象及描述	原因分析	预防措施及标准做法	规范图片
1.3.12	钢筋工程	钢筋截断：结构板或剪力墙预留洞处切断受力钢筋且无加固措施	（1）技术交底不清，未按照图纸、规范施工。 （2）安装施工班组在作业前，未能和土建班组进行技术衔接。 （3）检查验收不到位	（1）施工前进行技术交底。 （2）矩形洞边长和圆形洞直径不大于300mm时受力钢筋绕过孔洞不另外设置补强钢筋。 （3）矩形洞边长和圆形洞直径大于300mm且不大于1000mm时，当设计注写补强纵筋时，应按注写的规格、数量与长度补强。当设计无注写时，按每边配置两根直径不小12mm且不小于同向被切断纵向钢筋总面积的50%补强，补强钢筋的强度等级与被切断钢筋相同并布置在同一层面，其间距为30mm	洞口补强钢筋构造 洞口钢筋构造

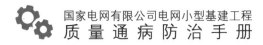

续表

编号	分部分项工程	通病现象及描述	原因分析	预防措施及标准做法	规范图片
1.3.13	钢筋工程	钢筋污染：混凝土浇筑时泥浆污染墙、柱钢筋	（1）上部钢筋未进行保护。 （2）混凝土降落高度较大，泥浆飞溅。 （3）操作工人脚底泥浆污染钢筋	（1）采用塑料薄膜将上部钢筋进行缠裹、绑扎。 （2）采用PVC管对上部钢筋进行套裹保护。 （3）混凝土浇筑时离管口距离浇筑面不要超过1m。 （4）严格工人培训，禁止脚底泥浆污染钢筋	 薄膜缠裹 PVC管套裹

1.4　模板工程

编号	分部分项工程	通病现象及描述	原因分析	预防措施及标准做法	规范图片
1.4.1	模板工程	轴线位移：混凝土浇筑后，柱、墙实际位置与建筑物轴线位置偏差超规范要求	（1）模板翻样错误或技术交底不清，模板拼装时组合件未能按规定就位。 （2）构件轴线测放不精确，产生误差。 （3）墙、柱模板根部和顶部无限位措施或限位不牢，发生偏位且未及时纠正，造成累积误差。 （4）支模时未拉水平、竖向通线，且无竖向垂直度控制措施。 （5）模板刚度差，未设水平拉杆或水平拉杆间距过大。 （6）混凝土浇筑时未均匀对称下料，或一次浇筑高度过高造成侧压力过大挤偏模板，造成模板位移。	（1）复杂部位模板进行详图翻样并注明各部位编号、轴线位置、几何尺寸、剖面形状、预留孔洞、预埋件等，以此作为模板制作、安装的依据，相关人员要审核模板加工图及技术交底。 （2）轴线测放后，组织专人进行复核验收，确认无误后方可同意模板安装。 （3）墙、柱模板根部和顶部必须设可靠的限位措施，如：采用预埋短钢筋固定钢支撑等，以保证模板底部位置准确。 （4）支模时应拉水平、竖向通线，并设竖向垂直度控制线，以保证模板水平、竖向位置准确。	 模板安装

续表

编号	分部分项工程	通病现象及描述	原因分析	预防措施及标准做法	规范图片
1.4.1	模板工程		（7）对拉螺栓、顶撑、木楔使用不当或松动造成轴线偏位	（5）根据混凝土结构特点，对模板进行专门设计，以保证模板及其支架具有足够强度、刚度及稳定性。 （6）混凝土浇筑前，对模板轴线、支架、顶撑、螺栓等进行认真检查、复核，发现问题及时进行处理	
1.4.2	模板工程	框梁下垂：混凝土框梁因自重或施工荷载导致梁中部标高降低形成的下垂现象	（1）框梁底模未按要求进行起拱。 （2）梁底模板支撑拆除过早。 （3）梁底模板强度较低或龙骨间距过大。	（1）跨度超过4m时应起拱，起拱高度为梁、板跨度的1/1000~3/1000，并在模板验收时重点关注大跨度梁的标高测量工作。 （2）梁底模板不应随意拆除：跨度不大于8m构件拆除时，混凝土强度不应小于75%；跨度大于8m构件拆除时，混凝土强度不应小于100%；悬臂构件须达100%。	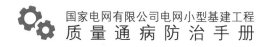 起拱检查

续表

编号	分部分项工程	通病现象及描述	原因分析	预防措施及标准做法	规范图片
1.4.2	模板工程		（4）模板支撑体系出现局部下沉，如立杆底部下沉、梁底木楔未塞紧等	（3）模板支撑体系应进行计算，合理设置龙骨间距，并选用符合相关参数的模板等材料。 （4）模板支撑立杆底部应坚实；模板体系应牢固，混凝土浇筑时安排专人看模。 （5）对于大跨度的梁或板，在主要的节点位置必须做加强处理，比如主次梁交接处应单独再加支撑并且与内架进行有效连接	标准图片

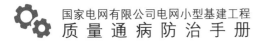

续表

编号	分部分项工程	通病现象及描述	原因分析	预防措施及标准做法	规范图片
1.4.3	模板工程	标高偏差：混凝土结构层标高或预埋件、预留孔洞标高与图纸设计标高偏差超规范要求	（1）楼层无标高控制点或点偏少，控制网无法闭合。竖向模板根部未找平。 （2）模板顶部无标高标记或未按标记施工甚至标记有误。 （3）高层建筑标高控制线转测次数过多，累计误差过大。 （4）楼梯踏步或降板等部位模板未考虑装修层厚度等	（1）每层应设足够的标高控制点，竖向模板根部需找平。 （2）模板顶部设标高标记，且应对标高标记进行复核，严格按标记施工。 （3）建筑楼层标高由首层 ±0.000 标高控制，严禁逐层向上引测，以防止累积误差，每层标高引测点不应少于 3 个（可按实际情况增加），以便复核。 （4）楼梯踏步或降板处模板安装时应考虑装修层厚度	标高测量 模板木龙骨

编号	分部分项工程	通病现象及描述	原因分析	预防措施及标准做法	规范图片
1.4.4	模板工程	结构变形：拆模后出现混凝土柱、梁、墙出现鼓凸、缩颈或翘曲现象	（1）模板支撑间距过大，模板刚度差。 （2）组合小钢模，未按规定设置连接件，造成模板整体性差。 （3）墙模板无对拉螺栓或螺栓间距过大，螺栓规格过小。 （4）竖向承重支撑地基土未夯实，支撑杆底未垫平板，支承处地基下沉。 （5）门窗洞口内模顶撑不牢固，混凝土振捣时模板被挤偏位置。	（1）模板及支撑系统设计时，应充分考虑本身自重、施工荷载、混凝土自重及浇捣时产生的侧向压力，以保证模板及支架有足够的承载能力、刚度和稳定性。 （2）支撑底部若为回填土方地基，应先按规定夯实，设置排水沟，铺放通长垫木或型钢，确保支撑不沉陷。 （3）组合小钢模拼装时，对拉螺栓间距、规格应按设计要求设置。	成型照片

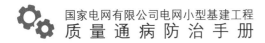

续表

编号	分部分项工程	通病现象及描述	原因分析	预防措施及标准做法	规范图片
1.4.4	模板工程		（6）梁、柱模板卡具间距过大，或未夹紧模板，或对拉螺栓配备数量不足，以致局部模板无法承受混凝土振捣时产生的侧向压力，导致局部胀模。 （7）浇筑墙、柱混凝土速度过快，一次浇灌高度过高，振捣过度。 （8）采用木模板或胶合板模板施工，经验收合格后未及时浇筑混凝土，长期日晒雨淋导致模板变形	（4）梁、墙模板上口必须设临时顶撑，确保混凝土浇捣时，梁、墙上口宽度。由于混凝土浇筑时有胀力，设置顶撑时其长度可略小于梁、墙宽度。 （5）浇捣混凝土时，应均匀对称下料，并严格控制浇灌高度，特别是门窗洞口模板两侧，应既保证混凝土振捣密实，又防止过分振捣引起模板变形。 （6）对于跨度不小于4m的现浇钢筋混凝土梁、板，其模板应按设计要求起拱。当设计无具体要求时，起拱高度宜为跨度的1/1000~3/1000	 架体规范搭设

编号	分部分项工程	通病现象及描述	原因分析	预防措施及标准做法	规范图片
1.4.5	模板工程	接缝不严：由于模板接缝不严，混凝土浇筑时产生漏浆，混凝土表面出现蜂窝，严重的还会出现孔洞、露筋	（1）模板翻样不准确，木模板制作粗糙，拼缝不严。 （2）钢模板变形未及时修整，接缝措施不当。 （3）梁、柱交接部位，接头尺寸不准、错位	（1）要求作业单位认真翻样，加强过程管理，强化质量意识。 （2）浇筑混凝土前，木模板应提前浇水湿润，使其充分吸水。 （3）变形钢模板，特别是边框外变形，应及时修整平直。 （4）钢模板间嵌缝措施要合理（可采用双面胶纸），不能用油毡、塑料布、水泥袋等嵌缝堵漏。 （5）梁、柱交接部位应支撑牢靠，钢模板拼缝应严密（缝间加双面胶纸）	成型照片 成型照片

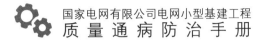

国家电网有限公司电网小型基建工程
质量通病防治手册

续表

编号	分部分项工程	通病现象及描述	原因分析	预防措施及标准做法	规范图片
1.4.6	模板工程	缺棱掉角：墙体拆模时，模板黏连较大面积的混凝土表皮，现浇墙体上口及洞口拆模后缺棱掉角 混凝土掉角	（1）拆模过早，拆模时混凝土强度低于1.2MPa。 （2）混凝土用水量控制不严，质量波动大，浇筑时下料集中，未均匀振捣。 （3）模板清理不干净（特别是上、下端口部位及门框边），易积留混凝土残渣。 （4）隔离剂失效或涂刷不均匀、漏刷，或隔离剂被雨水冲刷掉。 （5）衔接施工缝时浇筑的砂浆层过厚，强度偏低，洞口模板拆除过早，或拆模时碰撞，造成墙体缺棱掉角	（1）墙体混凝土强度达到1.2MPa后方能拆模，并做好护角保护。 （2）认真清理大模板，并涂刷隔离剂，且由专人检查验收。 （3）严格控制混凝土质量，混凝土应有良好的和易性，浇筑时均匀下料，禁止采用振捣棒赶送混凝土的振捣方法。 （4）增加洞口周转模板，以适当延迟洞口模板拆除时间，宜采用可伸缩洞口模板。禁止用大锤敲击模板，以防损伤混凝土棱角。 （5）衔接施工缝的水泥砂浆厚度不应大于30mm，底层混凝土须认真振捣，并采用掺粉煤灰的混凝土	墙柱阳角防护 楼梯踏步防护

040

续表

编号	分部分项工程	通病现象及描述	原因分析	预防措施及标准做法	规范图片
1.4.7	模板工程	垂直偏差大：结构垂直偏差大，超过规范要求	（1）支模时未用线坠靠吊，或拧紧穿墙螺栓后未进行复查。 （2）大模板地脚螺栓固定不牢，模板受物体猛烈冲撞后（如外墙板的碰撞等）发生倾斜变形，事后又未进行纠正。 （3）大模板本身变形，扭曲严重。 （4）模板支搭不牢，振捣混凝土时发生变位	（1）支模过程中应反复用线坠靠吊。 （2）大模板安装时先安装正面模板，通过地脚螺栓调整，用线坠靠吊垂直后再安装反面大模，然后在反面模板外侧用线坠校核，最后用穿墙螺栓固定正、反大模，并及时用线坠校核其垂直度，同时注意检查地脚螺栓是否拧紧。 （3）支模完毕经校正后如遇有较大冲撞，应重新用线坠复核校正。 （4）日久失修变形严重的大模板不得继续使用	成型照片

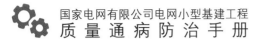

续表

编号	分部分项工程	通病现象及描述	原因分析	预防措施及标准做法	规范图片
1.4.8	模板工程	凹凸不平：现浇混凝土结构拆模后结构面凹凸不平（用 2 m 靠尺检查凹凸超过 ±4mm）	（1）模板刚度不足。大模背面槽钢（龙骨）间距过大或所用面板钢板太薄（小于 4mm）。 （2）穿墙管长短不一，误差过大，穿墙螺栓拧得过紧，使其附近模板局部变形。 （3）振动器过度振捣大模板面，致使板面局部损伤。 （4）安装及拆模过程中用大锤或撬棍猛击模板板面，使板面造成严重缺陷	（1）加强模板维修，每个工程完工后，应对模板检修一次，板面有缺陷时，应随时进行修理，严重的应更换新模板。 （2）刚度不足的模板，可加密背面龙骨，即在原来两根之间再加 1 根，或在原来两根水平龙骨之间加一道垂直方向的短龙骨。 （3）不得用振动器过度振捣大模板或用大锤、撬棍击打钢模	模板照片 成型照片

续表

编号	分部分项工程	通病现象及描述	原因分析	预防措施及标准做法	规范图片
1.4.9	模板工程	阴角不方正：拆模后内纵、横墙交接处，以及外墙与内横墙交接处阴角不方正、不垂直 	（1）采用筒子模时操作不当，角部出现垂直偏差。 （2）采用平模时，内纵墙模板与已浇筑好的内模墙之间缝隙过大。内纵墙模板轴线位移。 （3）小角模变形与大模板之间形成缝隙，出现漏浆及阳角变形。 （4）外砌内浇建筑中，外墙与内墙交接处的组合柱断面宽度均大于内墙厚度（因有马牙槎），必须加设较大的小角模。如果小角模固定不到位，易造成角模位移，阴角产生严重变形。 （5）外砖墙不平或外墙板表面不平	（1）及时修整模板，尤其是小角模。 （2）安装筒子模时应精心操作，将偏差消灭在安装过程之中。 （3）支模时应保持轴线位置正确，努力减小模板垂直偏差。 （4）外砌内浇建筑外墙与内墙模板交接处的小角模必须认真处理，固定牢靠，确保不变形。 （5）组合柱处砖墙面必须砌筑平整，如模板与墙面之间有缝隙时，应予填补	主体结构阳角照片 构造柱阳角照片

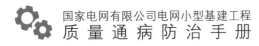

国家电网有限公司电网小型基建工程
质量通病防治手册

续表

编号	分部分项工程	通病现象及描述	原因分析	预防措施及标准做法	规范图片
1.4.10	模板工程	模板未清理干净：模板内残留木块、浮浆残渣、碎石等垃圾，混凝土浇筑后出现缝隙，且有垃圾夹杂物	（1）钢筋绑扎完毕，模板位置未用压缩空气或压力水清扫。 （2）封模前未进行清扫。 （3）墙柱根部、梁柱接头最低处未留清扫孔，或所留位置不当无法进行清扫	（1）钢筋绑扎完毕，及时用压缩空气或压力水清除模板内垃圾。 （2）在封模前，派专人将模内垃圾清除干净。 （3）墙柱根部、梁柱接头处预留清扫孔，预留孔尺寸不小于100mm×100mm，模内垃圾清除完毕后及时将清扫口处封严	柱子预留口样板 模板清理 模板照片

044

1.5　混凝土工程

编号	分部分项工程	通病现象及描述	原因分析	预防措施及标准做法	规范图片
1.5.1	混凝土工程	蜂窝：混凝土结构面局部出现酥松，砂浆少、石子多，石子之间形成类似蜂窝的空隙 	（1）混凝土配合比不当或加水量计量不准，造成砂浆少、石子多。 （2）混凝土搅拌时间不够，未拌和均匀，和易性差，振捣不密实。 （3）混凝土下料过高，未设串筒或者溜槽，造成石子砂浆离析。 （4）混凝土未分层下料，振捣不实，或漏振，或振捣时间不够。 （5）模板缝隙未堵严，水泥浆流失严重。 （6）钢筋较密，使用的石子粒径过大或混凝土坍落度过小。 （7）基础、柱、墙根部未先浇同配比减石子砂浆	（1）严格控制混凝土配合比，计量准确，混凝土拌和均匀，坍落度符合要求。 （2）混凝土下料高度超过2m应设串筒或溜槽，墙体、柱等竖向构件根部在浇筑混凝土前应先浇同配比减石子砂浆。 （3）浇灌混凝土时应分层下料，分层振捣，防止漏振。 （4）模板缝应堵塞严密，浇灌中应随时检查模板支撑情况防止漏浆，基础、柱、墙根部应在下部浇完间歇1~1.5h，待下部混凝土沉实后再浇上部混凝土，避免出现"烂脖子"现象	成型照片 成型照片

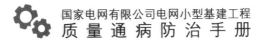

国家电网有限公司电网小型基建工程
质量通病防治手册

续表

编号	分部分项工程	通病现象及描述	原因分析	预防措施及标准做法	规范图片
1.5.2	混凝土工程	麻面：混凝土表面局部出现缺浆和凹坑、麻点，形成粗糙面，但无钢筋外露现象	（1）模板表面粗糙或黏附水泥浆渣等杂物未清理干净，影响混凝土表面。 （2）模板未浇水湿润或湿润不够，构件表面混凝土水分被模板吸收，致使混凝土失水过多出现麻面。 （3）模板拼缝不严，局部漏浆。 （4）模板隔离剂涂刷不匀，或漏刷或失效，混凝土表面与模板黏结造成麻面。 （5）混凝土振捣不密实，气泡未排出，拆模后形成麻点	（1）模板表面清理干净，不得粘有水泥砂浆等杂物，浇灌混凝土前，模板应浇水充分湿润，模板缝隙，应用双面胶条等堵严。 （2）模板隔离剂应选用长效的，并且涂刷均匀，不得漏刷。 （3）混凝土应分层均匀振捣密实，直至排除气泡为止。 （4）若出现麻面缺陷，混凝土表面做粉刷装修时，可不处理，表面无粉刷，应在麻面处浇水充分湿润后，用原混凝土配合比去石子砂浆，将麻面抹平压光	成型照片 成型照片

续表

编号	分部分项工程	通病现象及描述	原因分析	预防措施及标准做法	规范图片
1.5.3	混凝土工程	孔洞：混凝土结构内部有尺寸较大的空隙，局部无混凝土或蜂窝过大，钢筋局部或全部外露	（1）在钢筋较密部位或预留孔洞及预埋件处，混凝土下料被阻挡，未振捣密实就继续浇筑上层混凝土。 （2）混凝土离析，砂石分离，石子成堆，模板严重漏浆，振捣时间不足。 （3）混凝土一次下料过多、过厚，振捣时不认真，形成松散孔洞。 （4）模板内掉入工具、木块、泥块等杂物，导致孔洞出现	（1）在钢筋密集处，用细石混凝土浇灌，认真分层振捣密实或加配人工捣固。 （2）预留孔洞处，两侧应同时下料，侧面加开浇灌口，模板内应清理干净。 （3）若出现孔洞缺陷时将孔洞周围的松散混凝土和软弱浆膜凿除，用水冲洗，支设带托盒的模板，洒水湿润后用高强度等级细石混凝土仔细浇灌、捣实	成型照片 成型照片

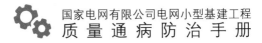

续表

编号	分部分项工程	通病现象及描述	原因分析	预防措施及标准做法	规范图片
1.5.4	混凝土工程	气泡：结构面有数量较多的大面积气泡，给装修工程带来很大困难，既影响进度，又增加用工	（1）发泡型减水剂（如MF减水剂等）掺量过多。 （2）混凝土坍落度过大，振捣时间太短，混凝土不密实。 （3）混凝土浇筑时一次下料太多，振捣时气泡未排出，从而集结在混凝土表面。 （4）混凝土水灰比比较高。 （5）使用的脱模剂不合理	（1）严格把好材料关，控制骨料大小和针片状颗粒含量，备料时要认真筛选，剔除不合格材料。 （2）选择适当的水灰比，可以在实验室内多做几组，相互比较从中择优选用。 （3）水泥应选用普通水泥或硅酸盐水泥，水泥的强度等级应与混凝土配合比的强度等级相适应，不宜采用强度等级过高的水泥，否则会降低混凝土中水泥的用量，影响混凝土的和易性。 （4）合理控制振捣混凝土时间，排出内部气泡。 （5）模板应保持光洁，脱模剂要涂抹均匀但不宜过厚。如条件允许，可在模板上打小孔以排出下面的空气或多余的水分	混凝土振捣 成型照片

续表

编号	分部分项工程	通病现象及描述	原因分析	预防措施及标准做法	规范图片
1.5.5	混凝土工程	夹层：混凝土表面发现水平或垂直的松散混凝土	（1）施工缝或变形缝未经接缝处理、清除表面水泥薄膜和松动石子或未除去软弱混凝土层并充分湿润就浇筑混凝土。 （2）施工缝处锯屑、泥土、砖块等杂物未清除或未清除干净。 （3）混凝土浇灌高度过大，未设串筒、溜槽，造成混凝土离析。 （4）底层交接处未灌接缝砂浆层，接缝处混凝土未有效振捣	（1）认真按施工验收规范要求处理施工缝及变形缝交接部位。 （2）接缝处锯屑、泥土、砖块等杂物应清洗干净。 （3）混凝土浇灌高度大于2m应设串筒或溜槽。 （4）接缝处浇灌混凝土前先浇同配比减石子砂浆（一般30mm为宜），并加强接缝处混凝土的振捣	成型照片 成型照片

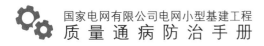

续表

编号	分部分项工程	通病现象及描述	原因分析	预防措施及标准做法	规范图片
1.5.6	混凝土工程	表面不平整：混凝土表面凹凸不平，标高不一致	（1）混凝土浇筑后，表面仅用铁锹拍平，未用抹子找平压光，造成表面粗糙不平。 （2）模板未支承在坚硬土层上，或支承面不足，或支撑松动、泡水，致使新浇灌混凝土早期养护时发生不均匀下沉。 （3）混凝土未达到一定强度时，上人操作或运料，使表面出现凹陷不平或印痕	（1）混凝土浇筑完毕后，采用激光抄平仪按照标高进行表面平整，后用2m铝合金杆进行找平。 （2）模板应有足够的强度、刚度和稳定性，应支设在坚实地基上，有足够的支撑面积，并防止浸水，确保不发生下沉。 （3）混凝土强度达到1.2MPa以上，方可在已浇结构上走动施工	成型图片

续表

编号	分部分项工程	通病现象及描述	原因分析	预防措施及标准做法	规范图片
1.5.7	混凝土工程	露筋：混凝土内部主筋、副筋或箍筋局部裸露于结构构件表面 	（1）浇筑混凝土时，钢筋保护层垫块位移，或垫块太少或漏放，强度不足等致使钢筋紧贴模板外露。 （2）结构构件截面小，钢筋过密，石子卡在钢筋上，使水泥砂浆不能充满钢筋周围，造成露筋。 （3）混凝土配合比不当，产生离析，靠近模板部位缺浆或模板漏浆。 （4）混凝土保护层太小或保护层处混凝土漏振或振捣不实。或振捣棒撞击钢筋或踩踏钢筋，使钢筋位移，造成露筋。 （5）木模板未浇水湿润，吸水黏结或脱模过早，拆模时缺棱、掉角导致露筋	（1）钢筋混凝土施工垫块应具有足够强度，数量满足要求并绑扎牢固。 （2）钢筋较密集时，应控制石子粒径，以免石子过大卡在钢筋处，如遇普通混凝土难以浇灌时，可采用细石混凝土。 （3）混凝土振捣时严禁振动钢筋，防止钢筋变形位移	 成型图片

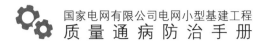
续表

编号	分部分项工程	通病现象及描述	原因分析	预防措施及标准做法	规范图片
1.5.8	混凝土工程	塑性收缩裂缝：裂缝在新浇结构、构件表面出现，形状不规则，类似干燥的泥浆面，裂缝较浅，多为中间宽两端细，且长短不一，互不连贯，大多在混凝土初凝后，当外界风速大、气温高、空气湿度很低的情况下出现	（1）混凝土早期养护不好，表面没有及时覆盖，受风吹日晒，表面游离水分蒸发过快，产生急剧的体积收缩，而此时混凝土强度很低，还不能抵抗这种变形应力而导致开裂。（2）使用收缩率较大的水泥。或水泥用量过多；或使用过量的粉砂；或混凝土水灰比过大。（3）模板、垫层过于干燥，吸水大	（1）配制混凝土时，严格控制水灰比和水泥用量，选择级配良好的石子，减小空隙率和砂率。（2）混凝土要振固密实，以减少收缩量。浇灌混凝土前，将基层和模板浇水湿透。混凝土浇筑后，表面及时覆盖、养护。在高温、干燥及大风天气，应及时喷水养护	喷水养护 覆膜养护

续表

编号	分部分项工程	通病现象及描述	原因分析	预防措施及标准做法	规范图片
1.5.9	混凝土工程	收缩裂缝：裂缝多沿结构上表面钢筋通长方向或箍筋上断续出现，或在埋设件的附近出现，裂缝呈菱形，宽度不等，深度不一，一般到钢筋上表面为止。多在混凝土浇筑后发生，混凝土结硬后即停止 1.2 mm	（1）混凝土浇灌振捣后，粗骨料沉降，挤出水分、空气，表面呈现泌水，而形成竖向体积缩小沉降。 （2）该沉降受钢筋、预埋件、模板或粗骨料以及先期凝固混凝土的局部阻碍或约束，或混凝土本身各部相互沉降量相差过大，而造成裂缝	（1）加强混凝土配制和施工操作控制，水灰比、砂率、坍落度不应过大，振捣要充分，但避免过振。 （2）对于截面相差较大的混凝土构筑物，可先浇灌较深部位，静停2~3h，待沉降稳定后，再与上部薄截面混凝土同时浇灌，以免沉降过大导致裂缝，适当增加混凝土的保护层厚度	混凝土分层 1—模板；2—新浇筑的混凝土 现场坍落度检查

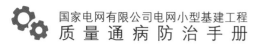
续表

编号	分部分项工程	通病现象及描述	原因分析	预防措施及标准做法	规范图片
1.5.10	混凝土工程	干缩裂缝：裂缝在表面出现，宽度较细，其走向纵横交错，无规律性，裂缝不均，梁、板类构件多沿短方向分布，整体结构多发生在结构截面处。地下大体积混凝土在平面较为多见，但侧面也常出现，预制构件多产生在箍筋位置	（1）混凝土成型后，养护不当，受风吹日晒，表面水分散失较快，体积收缩大，但内部湿度变化较小，收缩小，表面收缩剧变受到内部混凝土的约束，出现拉应力而引起开裂。（2）平卧薄型构件水分蒸发过快，体积收缩受到地基垫层或台座的约束，而出现干缩裂缝	（1）混凝土水泥用量、水灰比和砂率不应过大。严格控制砂石含量，避免使用过量粉砂。（2）混凝土应振捣密实，并注意对板面进行二次抹压，以提高抗拉强度、减少收缩量。（3）加强混凝土早期养护，并适当延长养护时间。长期露天堆放的预制构件，可覆盖草帘、草袋，避免暴晒，并定期适当洒水，保持湿润。（4）薄壁构件应在阴凉地方堆放并覆盖，避免发生过大湿度变化。（5）表面干缩裂缝，清洗干燥后涂刷两遍环氧胶泥或加贴环氧玻璃布进行表面封闭。深进或贯穿的，应用环氧灌缝或在表面加刷环氧胶泥封闭	二次抹压 棉毡养护

编号	分部分项工程	通病现象及描述	原因分析	预防措施及标准做法	规范图片
1.5.11	混凝土工程	楼板开裂：楼板底部有不规则裂缝，遇水后产生渗水现象 	（1）水泥不合格，水灰比大；砂石级配不合理，含泥量大。 （2）模板淋水不足，过分干燥，混凝土产生塑性收缩裂缝。 （3）混凝土过振或振捣不足；浇筑过程或收面过程加水。 （4）钢筋踩踏后，保护层厚度超标。 （5）混凝土浇筑不连续；上荷载时间较早；未及时采用有效养护措施。 （6）拆模时间过早	（1）选用合格材料，严格按照配合比进行操作。 （2）混凝土浇筑前应将模板灰尘、木屑等进行清理，并洒水湿润。 （3）混凝土振捣应按照规范交底进行操作；混凝土严禁私自加水。 （4）应采取专用上人马凳或加密马凳筋等方式保证保护层厚度符合规范要求。 （5）混凝土应保证连续浇筑，并采取覆膜养护方式，强度低于1.2MPa时严禁上人作业。 （6）跨度不大于2m，拆模时强度应不小于50%；跨度大于2m，不大于8m，拆模时强度应不小于75%；跨度大于8m，拆模时强度应不小于100%；悬挑构件拆模时强度应不小于100%	模板清理 覆膜养护

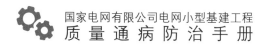
续表

编号	分部分项工程	通病现象及描述	原因分析	预防措施及标准做法	规范图片
1.5.12	混凝土工程	外墙混凝土开裂：模板拆除后墙体出现裂纹，一般垂直裂纹较多	（1）设计配筋率不合理。 （2）直形墙无腰梁或壁柱等加强措施。 （3）混凝土配合比不合理。 （4）施工振捣不充分；拆模早，养护不及时。 （5）回填土过早，侧压力大致使混凝土出现裂纹。 （6）混凝土结构过长引发裂纹	（1）在满足配筋率前提下，建议设计采用小直径、小间距配筋方式。 （2）直形墙设计时每隔30m左右设置后浇带，每道后浇带间隔3~5m设一道壁柱，并在水平方向增设腰梁。 （3）混凝土可掺加纤维或膨胀剂，并控制水泥和粉煤灰用量。 （4）外墙混凝土应分层浇筑，并避免出现施工冷缝。严格按照规范和交底进行振捣。混凝土终凝后养护时间应满足规范要求。 （5）混凝土未达到足够强度时，不应过早进行回填	外墙后浇带 纤维混凝土

续表

编号	分部分项工程	通病现象及描述	原因分析	预防措施及标准做法	规范图片
1.5.13	混凝土工程	施工缝渗水：在混凝土结构施工缝位置渗水	（1）施工缝留设位置不当。 （2）施工缝清理不干净。 （3）新旧混凝土接茬处理不当。 （4）钢筋过密，混凝土振捣不密实。 （5）施工缝未做企口或未按要求设置止水材料	（1）施工缝应按规定留设，防水薄弱部位及底板上不应留设施工缝。 （2）施工缝施工前应凿除表面浮浆，并清理干净。 （3）新旧混凝土浇筑前应充分凿毛，清水洗干净接茬处。浇筑时采用水泥浆界面处理，浇筑后混凝土养护及时到位。 （4）钢筋过密部分可根据设计进行适当处理。 （5）施工应按照设计要求设置企口缝、止水钢板、止水带等	 竖向施工缝凿毛 防水板处混凝土凿毛

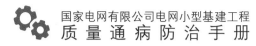

国家电网有限公司电网小型基建工程
质量通病防治手册

续表

编号	分部分项工程	通病现象及描述	原因分析	预防措施及标准做法	规范图片
1.5.14	混凝土工程	预埋套管渗漏：预埋套管处理不当产生的渗漏	（1）预埋件周围混凝土振捣不密实。 （2）混凝土终凝前预埋件受碰撞而松动。 （3）预埋套管未按规定焊接止水环，焊缝不严密。 （4）预埋套管有裂缝、砂眼等，地下水通过管壁渗漏	（1）预埋套管必须固定牢固。 （2）预埋套管应按规定焊接止水环，焊缝应严密、饱满。 （3）穿墙管道一律设置止水环，套管采用柔性密封。 （4）承受振动和管道伸缩变形的套管应采用柔性套管	止水环 柔性套管

1.6 砌体工程

编号	分部分项工程	通病现象及描述	原因分析	预防措施及标准做法	规范图片
1.6.1	填充墙砌体工程	砂浆不饱满：饱满度低于80%。竖缝内无砂浆，有狭缝	（1）采用 M2.5 或 M2.5 以下水泥砂浆砌筑，拌和不匀，和易性差，挤浆不到位，用大铲或瓦刀铺刮砂浆易产生空穴，砂浆层不饱满。 （2）采用大缩口铺灰方法，使砌体砖缝缩口深度达 2~3cm，使砂浆饱满度降低。 （3）用干砖砌墙，使砂浆早期脱水而降低强度，且与砖的黏结力下降，而干砖表面的粉屑又起了隔离作用，减弱了砖与砂浆层的黏结	（1）砌砖尽可能采用和易性好、掺加塑化剂的混合（微沫）砂浆砌筑，以提高灰缝砂浆饱满度。 （2）改进砌筑方法，避免采用推尺铺灰法或摆砖砌筑，应推广刮浆法、挤浆法，"三一砌砖法"（即使用大铲、一块砖、一铲灰、一揉挤的砌筑方法）。 （3）严禁用干砖砌墙。 （4）严格按预先排版砌筑，减少砌筑随意性，杜绝使用破损砌块。 （5）填充墙砌体工程砌筑砂浆要随搅拌随使用，一般水泥砂浆必须在 3h 内使完，混合砂浆必须在 4h 内用完	墙体图片 成型图片

续表

编号	分部分项工程	通病现象及描述	原因分析	预防措施及标准做法	规范图片
1.6.2	填充墙砌体工程	墙体裂缝：砌块墙体自身结构应力集中产生的开裂现象 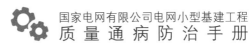	（1）柱和水平墙梁设置间距较大，加气混凝土墙顶与框架梁底，墙体与框架结构连接处的抹灰层构造措施交代不清，外墙涂料墙面的水泥砂浆基层无抗裂措施。 （2）墙体抹灰前浇水湿润的程度不易掌握，浇水多时，加气混凝土砌块吸水膨胀，抹灰后自然干燥使体积收缩，引起抹灰层干裂，加水少时，加气混凝土砌块吸收抹灰砂浆的水分，致使抹灰层早期失水，产生干缩裂缝。	（1）加气混凝土砌块材料强度应符合要求；应控制加气混凝土砌块含水率宜小于20%。进场后应避免淋雨，砌筑前对最底下一皮砌体进行滚浆处理。 （2）增加构造措施，按规范设置构造措施。当墙体直线长度超过5m中间宜设置一根构造柱，构造柱间距不宜大于3m，当墙高超过4m时中部宜设一道高度大于或等于180mm的钢筋混凝土水平墙架，每隔1m高设一道60mm厚钢筋混凝土带，使其变为较小的收缩变形单元，以达到控制收缩变形的目的。 （3）框架结构与砌块之间应按设计要求留设或后植拉结筋，拉结钢筋应错开截断，用2根直径6mm，钢筋穿墙固定间	成型图片

续表

编号	分部分项工程	通病现象及描述	原因分析	预防措施及标准做法	规范图片
1.6.2	填充墙砌体工程		（3）墙体砌筑和抹灰在较短的时间内完成，墙体内水分未能在涂料施工前充分蒸发，产生干缩裂缝。由于加气混凝土与砂浆膨胀系数的差异，在环境温度变化较大时，会造成抹灰层的空鼓	距小于或等于700mm。（4）不同基体交接处挂钢丝网。（5）填充墙砌筑接近梁底时，应留一定空间30~50mm，至少间隔14天后，用C25干硬性膨胀细石混凝土填塞，防腐木楔@600mm挤紧	 成型图片
1.6.3	填充墙砌体工程	接槎错误：砌筑时不按规定规范执行，随意留直槎，且多留阴槎，槎口部位用砖渣填砌，留槎部位接槎砂浆不严，灰缝不顺直，使墙体拉结性能严重削弱 	（1）操作人员对留槎形式与抗震性能的关系缺乏认识，习惯于留直槎，不按要求留斜槎。（2）施工组织不当，造成留槎过多。且留直槎时，漏放拉结筋。（3）后砌120mm墙留置的阳槎不正不直，接槎时由于咬槎深度较大，使接槎砖上部灰缝不易塞严	（1）在安排施工组织计划时，对施工留槎应做统一考虑。外墙大角尽量做到同步砌筑不留槎，以增强墙体的整体性。纵横墙交接处，有条件时尽量安排同步砌筑。（2）当留斜槎确有困难时，应留引出墙面120mm的直槎，并按规定设拉结筋，使咬槎砖缝便于接砌，以保证接槎质量，增强墙体的整体性。（3）提前做样板墙，按照样板施工	 成型图片

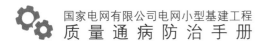
1.7 屋面工程

编号	分部分项工程	通病现象及描述	原因分析	预防措施及标准做法	规范图片
1.7.1	屋面工程	起砂：表面粗糙，光洁度差，颜色不一，不坚实。砂粒逐步松化或有成片水泥硬壳剥落，露出松散的水泥和砂子	（1）找平层施工时，因使用过期、受潮结块的水泥，砂粒含泥量过大，水泥砂浆搅拌不均、养护不当，导致屋面表层产生砂砾，且分布不均，一经摩擦则会使砂砾分层浮起。 （2）在施工时若结构层或保温层高低不平，导致找平层施工厚度不均，则会使屋面表层的水泥砂浆出现成片脱落或起皮、鼓起的现象。 （3）水泥砂浆拌合物的水灰比过大，即砂浆稠度过大。	（1）施工时禁止使用过期、受潮结块的水泥，且应保证砂砾含泥量不大于5%，同时在进行水泥砂浆搅拌时，应将水泥与砂的比例控制在1∶2.5~1∶3。 （2）进行水泥砂浆摊铺前，应先将屋面基层清扫干净，再用水泥砂浆涂刷屋面表层，以提高水泥砂浆与基层之间的黏结程度，并用木靠尺将砂浆表层刮平，采用木抹子进行初压，同时还应做好二次压实和收光，防止找平层出现起砂、起皮等现象。	屋面养护

编号	分部分项工程	通病现象及描述	原因分析	预防措施及标准做法	规范图片
1.7.1	屋面工程		（4）养护不适当。 （5）面层受冻	（3）严格控制水灰比。 （4）施工后应及时进行养护，并通过覆盖浇水使屋面表层保持湿润。 （5）水泥地面压光后，应视气温情况，一般在一昼夜后进行洒水养护，或用草帘、锯末覆盖后洒水养护。 （6）在低温条件下抹水泥地面，应防止早期受冻	 成型图片
1.7.2	屋面工程	变形缝漏水：变形缝处出现脱开、拉裂、泛水、渗水等情况	（1）屋面变形缝，如伸缩缝、沉降缝等没有按规定附加干铺卷材，或铁皮凸棱反装，铁皮向中间泛水，造成变形缝漏水。未顺水流方向搭接，或未安装牢固，被风掀起。	（1）变形缝严格按设计要求和规范施工，安装注意顺水流方向搭接，做好泛水并钉装牢固缝隙，填塞严密。 （2）变形缝在屋檐部分应断开，卷材在断开处应有弯曲以适应变形缝伸缩需要。	做法示例 Es—盖板长度；W—止水带长度

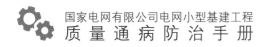
编号	分部分项工程	通病现象及描述	原因分析	预防措施及标准做法	规范图片
1.7.2	屋面工程		（2）变形缝、缝隙塞灰不严，铁皮没有泛水。 （3）变形缝在屋檐部位未断开，卷材直铺过去，变形缝变形时，将卷材拉裂、导致渗漏	（3）变形缝高低不平时，可将防水层掀开，将基层修理平整，再铺好卷材，安好铁皮顶罩（或泛水），卷材开裂按"开裂"处理。 （4）屋面蓄水试验合格后，才能隐蔽。平屋面蓄水试验时间不少于24h，蓄水高度应高出最高点 2~3cm	成型图片

1.8　室外工程

编号	分部分项工程	通病现象及描述	原因分析	预防措施及标准做法	规范图片
1.8.1	散水工程	裂缝：散水表面出现纵向、横向或45°斜向裂缝 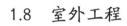	（1）散水地基内垃圾等杂物未清理干净，或未按要求分层夯实，局部下沉引发裂缝。 （2）未按规定留置好伸缩缝。 （3）混凝土水灰比过大，未按规范要求进行养护。 （4）面层压光时撒干水泥面	（1）切实保证地基土的回填质量。严禁回填垃圾、腐殖土等，按要求分层夯实。 （2）分格缝间距不要超过4m，宜设置平头缝。 （3）严格控制水灰比，认真做好覆盖、浇水养护等工作。 （4）面层应原浆压光。如面层泌水，采用同配比干拌水泥砂拌和物薄撒一层，待吸水后紧密压光	平头缝 散水图片

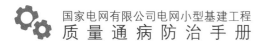

续表

编号	分部分项工程	通病现象及描述	原因分析	预防措施及标准做法	规范图片
1.8.2	散水工程	局部沉陷：散水塌陷、开裂并下沉的现象	（1）地基土回填不密实，上部荷载作用或意外振动、重压等引起压缩变形。 （2）超载使用引起局部压裂、塌陷。 （3）散水坡边局部积水过多，引起基土下沉，造成影响区段散水塌陷	（1）控制地基土的回填质量，保证散水坐落在密实可靠的地基上。 （2）避免车辆在散水上行驶、滞留，并减少重物堆放。 （3）散水坡施工完成后，及时清除坡边余土，并做好室外地面整平。严禁地面水倒流至散水坡边	散水基层压实 坡边余土清理

续表

编号	分部分项工程	通病现象及描述	原因分析	预防措施及标准做法	规范图片
1.8.3	台阶工程	局部下沉：台阶部分区段发生台面下沉、歪斜，影响正常使用	（1）用作基层的地基土回填不均匀、不密实，不能承受上部荷载产生压缩变形。 （2）垫层采用砖砌做法，地基的不均衡变形或台面重物冲击，易造成台阶被拉裂引起局部下沉。 （3）台面破损严重未及时修复，雨水或地表水渗入，地基土局部沉陷，引起台阶下沉。 （4）北方严寒地区，基础埋深浅，未考虑冻胀因素。 （5）面砖与面砖间隔伸缩缝过窄，受热缩冷胀作用导致崩裂脱落	（1）一般工程回填土分层均匀、夯填密实即可满足要求；对大型公建，考虑其面积较大，应采取切实可行的技术措施，以保证整个台阶坐落在强度均匀、牢固可靠的地基上。 （2）改用混凝土一次性浇筑成形。 （3）发现台阶破损、开裂或周围地表水排流不畅等，应及时修补。 （4）寒冷地区垫层下可加设混砂或炉渣防冻层以不受冻害。 （5）块料面砖规范设置伸缩缝，一般应采用专用卡槽	 分层夯实 垫层配筋

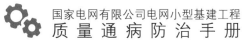
续表

编号	分部分项工程	通病现象及描述	原因分析	预防措施及标准做法	规范图片
1.8.4	台阶工程	块料脱落：块料面层镶贴质量不好，造成局部或较大面积空鼓，严重时块料脱落掉下	（1）配置砂浆或原材质量不牢固，使用不当。 （2）基层清理不干净；基层浇水不透，黏结砂浆中水分被快速吸收。 （3）粘贴砂浆厚薄不均，饱满度差，操作时用力不均，各部分黏结牢固程度不一致。 （4）板缝不密实或漏嵌，影响面层和基层黏结力，又加剧风尘、雨雪等恶劣环境对块料的侵蚀	（1）根据不同块料配置相应材料和厚度的结合层。 （2）清除基层垃圾、污物，凹凸不平处用水泥砂浆或细石混凝土找平；表面光滑处实操凿毛并浇水充分湿润。 （3）台阶饰面板的镶贴应自上而下进行。对每个台阶踏步先镶贴踢面，再镶贴踏面，完成两个踏步后便对第一踏步灌封或擦缝。 （4）完成一段，封闭一段，并在7天内禁止人员上下走动	石材铺贴 室外台阶

续表

编号	分部分项工程	通病现象及描述	原因分析	预防措施及标准做法	规范图片
1.8.5	区内道路工程（混凝土）	板块裂缝：混凝土板块出现浅表面裂纹、不规则断裂和角隅处折裂及施工处断裂或板块横向裂缝	（1）混凝土养护不到位，表层风干收缩，导致浅表层发状裂纹。 （2）角隅处与基层接触面积小，造成基层相对沉降大，进而板下脱空或角隅处振捣不密实，易造成断裂。 （3）土基强度不足或不均匀；昼夜温差过大，造成板块开裂。 （4）水泥等原材技术指标不稳定；混凝土振捣过多产生离析；施工振捣不密实，蜂窝多；施工时交通不中断，重车行驶产生振动等。 （5）伸缩缝设置不当	（1）混凝土按规范及时覆盖养护，养护期间须保持湿润，防止暴晒和风干，养护时间不少于14天。 （2）注意角隅处混凝土振捣，对软地基地段，可加固设计成钢筋混凝土路面板。 （3）当混凝土强度达到设计强度的25%~30%时，即可切缝。加强路基和基层的压实度、稳定性及均匀性质量控制。 （4）严格控制原材尤其是水泥的质量。混凝土振捣既不漏振，也不过振。 （5）按设计要求设置伸缩缝	路面覆盖养护 角隅钢筋示例

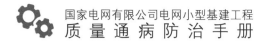

续表

编号	分部分项工程	通病现象及描述	原因分析	预防措施及标准做法	规范图片
1.8.6	区内道路工程（混凝土）	纵横缝不顺直：混凝土路面纵向施工缝留设及横向缩缝切割、胀缝留设不顺直，影响路面观感质量	（1）纵向施工缝处模板固定不牢，施工过程因碰撞或混凝土侧压使模板跑模变位。（2）使用的模板本身不直或支设时移位。（3）横向缩缝切割前未画线，或切割操作人员缺乏施工经验。横向胀缝因分缝板移动、倾斜、歪倒而造成不顺直	（1）模板刚度应符合要求，模板固定要牢固、不错位，优先选用槽钢。（2）施工过程严格控制模板直顺度，可用经纬仪检测模板是否变位，如有变位及时纠正。（3）横向分格缝切割前应先画好直线，由操作经验丰富的工人操作。（4）纵横缝间距不超过4m	分格缝切割

编号	分部分项工程	通病现象及描述	原因分析	预防措施及标准做法	规范图片
1.8.7	区内道路工程（沥青混凝土）	平整度差：沥青混凝土路面出现波浪、洼兜、鼓包等平整度差的现象	（1）底层高低不平，沥青混合料厚薄不一，碾压后造成表面不平整。 （2）人工摊铺时，直接将沥青混凝土卸在底层上，料底清理不净或将当天已经压实、冷凝的剩料摊在底层上充当部分摊辅料，压实后，形成局部高突、"疙瘩"坑。 （3）摊铺方法不当；碾压操作不当，油温过高、碾压速度过快等造成油料堆积，或碾轮无序碾压，造成平整度差	（1）确保路床或基层各项指标都达到设计要求（弯沉、横坡、纵坡、高程），提高面层施工质量。 （2）小面积或无摊铺机使用条件下时采用人工摊铺，采用扣锹法，不准扬锹。底层有料底的应及时清理干净。剩余冷料不准直接铺筑在底层上。 （3）机械摊铺应注重调平系统运行的稳定性。 （4）沥青混合料的碾压油温、碾压速度和碾压程序应严格按照规范规定要求进行控制	路床平整度检查 人工摊铺

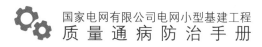
续表

编号	分部分项工程	通病现象及描述	原因分析	预防措施及标准做法	规范图片
1.8.8	区内道路工程（沥青混凝土）	早期裂缝：碾压过程中出现横向短小微裂缝；半刚性材料为基层的沥青路面出现的横向反射裂缝；其他纵横裂缝或路面出现凸起开花和不规则裂缝	（1）压路机加速、减速太猛，特别是转向时过猛；碾压前沥青混合料摊铺时间长，形成压路机串皮碾压；找补料层过薄或碾压过度产生横向微裂缝。 （2）半刚性基层碾压后未能潮湿养护，引起干缩反射；寒冷地区，沥青面层或半刚性基层低温收缩，造成变形受阻产生横向裂缝。 （3）接槎处理不合要求造成开裂；冻胀拱起开裂；沥青原材低温延性差或黏结力低造成开裂等	（1）严控沥青混合料质量；严控摊铺和初压、复压、终压的沥青混合料温度，大风和降雨时停止作业。严格遵守碾压操作规程；松铺系数宜通过试铺碾压确定。 （2）按要求做好纵横向接缝，纵缝宜采用直槎热接，摊铺段控制在60~100m，当日衔接。 （3）控制沥青的延度，或进行低温冷脆改性，同时防止加热过度。 （4）为防止半刚性基层收缩裂缝，控制含水率，碾压后根据气候湿度不同，养护5~14天	试铺碾压 基层养护

2 / 装饰装修工程

2.1　墙面工程

编号	分部分项工程	通病现象及描述	原因分析	预防措施及标准做法	规范图片
2.1.1	饰面砖墙面	饰面砖接缝不平：墙面不平，砖缝不匀不直，套割不标准	（1）饰面砖外形尺寸偏差大。 （2）施工准备不足，对饰面砖来料未做检查挑选试拼。 （3）操作不当，采用粘贴施工的墙面基层找抹不平整。 （4）排砖时未定好套割块板尺寸，且未使用套割器割孔	（1）饰面砖表面应平整、洁净、色泽一致，应无裂痕和缺损。 （2）墙面凸出物周围的饰面砖应整砖套割吻合，边缘应整齐，凸出墙面的墙裙厚度应一致。 （3）饰面砖接缝应平直、光滑，填嵌应连续、密实；宽度和深度应符合设计要求	 放线找直 边缘整齐

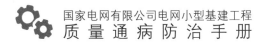

续表

编号	分部分项工程	通病现象及描述	原因分析	预防措施及标准做法	规范图片
2.1.2	饰面砖墙面	饰面砖空鼓、开裂：饰面砖局部剥离脱层，出现空鼓、开裂	（1）水泥砂浆找平层与基体黏结不牢。 （2）饰面砖与黏结层砂浆因黏结力低或失效，发生局部剥离脱层。 （3）饰面砖受冻融作用，出现空鼓、开裂	（1）墙体必须清理干净，无油污脏迹，无残留脱模剂等，抹找平层前必须提前湿润，抹灰时墙面应无水迹流淌，表干里湿，基层拉毛。 （2）推广使用商品专用饰面墙砖胶黏剂（干混料）。 （3）加强材料检验，选用合格产品。 （4）应在铺贴前清理干净瓷砖背面的脱模剂，在水中充分浸泡，浸泡2h以上，取出待表面晾干或擦干净后方可使用	基层拉毛

编号	分部分项工程	通病现象及描述	原因分析	预防措施及标准做法	规范图片
2.1.3	饰面砖墙面	饰面砖色泽不均：相邻饰面砖颜色、纹理差异大 	（1）材料进场未严格检验，批量较大，未注意批号是否一致。 （2）施工前未对材料进行筛选	（1）施工前严格对材料进行检查，采用同一批次的材料。 （2）对饰面板纹理色泽进行挑选比对	 材料进场检验

续表

编号	分部分项工程	通病现象及描述	原因分析	预防措施及标准做法	规范图片
2.1.4	饰面砖墙面	饰面砖不平整：墙面凹凸不平，饰面砖板缝大小不一，板缝两侧相邻板块高低不平，套割不吻合，观感质量差	（1）找平层平整度差。 （2）饰面砖不方正，板面翘曲。 （3）传统的密缝粘贴，板缝积累偏差过大。 （4）饰面砖编排无专项设计，施工标线不准确或间隔过大，施工偏差过大。	（1）精心施工，尽量减少几何尺寸偏差。主体结构宜按清水墙要求施工。基体处理完毕后，挂线贴灰饼冲筋，其间距不宜超过2m。找平层的表面平整度允许偏差为4mm，立面垂直度允许偏差为4mm。不得采用加厚黏结层的办法调整平整度。 （2）饰面砖进场应按标准进行验收。 （3）外墙饰面砖有图案要求的工程应进行专项设计，对以下内容提出明确要求： 　1）饰面砖的品种规格颜色图案和主要技术性能。 　2）找平层结合层黏结层勾缝等所用材料的品种和技术性能。	填缝剂饱满匀实

续表

编号	分部分项工程	通病现象及描述	原因分析	预防措施及标准做法	规范图片
2.1.4	饰面砖墙面		（5）施工是在外脚手架上分层分段进行的，施工时只顾本层线角，未考虑整幢楼房从上到下的横竖线角	3）基体处理。 4）饰面砖的排列方式分格和图案。 5）饰面砖的伸缩缝位置，接缝和凹凸部位的墙面构造。 6）墙面凹凸部位的防水排水构造	 分隔缝均匀
2.1.5	金属装饰板墙面	板材胶缝老化开裂：金属板胶缝过早老化、开裂，密封胶黏结性差丧失密封作用，导致内墙面渗水	（1）水泥砂浆基层不平整，打胶面上尘埃、松散物、油渍等其他脏物未清理干净。 （2）施工采用普通密封胶，未采用耐候硅酮密封胶	（1）交界处基层水泥砂浆应处理平整，并清洁干净，再打结构胶，结构胶处理应全覆盖不留缝隙。 （2）采用耐候硅酮密封胶进行嵌缝，严禁露天下雨时进行耐候硅酮密封胶施工	密封到位美观

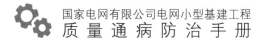

续表

编号	分部分项工程	通病现象及描述	原因分析	预防措施及标准做法	规范图片
2.1.6	涂饰墙面	空鼓裂缝：涂饰墙面基层完成后，墙面出现空鼓裂缝现象	（1）基层清理不干净或处理不当，墙面浇水不透，墙面基层砂浆中的水分很快被砌体吸收，影响黏结力。配制砂浆和原材料质量不好，使用不当。 （2）基层平整度偏差较大，一次基层过厚，干缩率较大。门窗框两边堵塞不严，预埋射钉块距离过大或松动，经开关振动，在门窗框处产生空鼓。 （3）拌和后的水泥砂浆未及时用完，停放时间过长，砂浆逐渐失去流动性和黏结强度。 （4）砂含泥量过大。 （5）施工工艺不当	（1）找平层应平整、坚实、牢固、无粉化、起皮和裂缝；内墙找平层的黏结强度应符合要求。 （2）基层应严格处理，表面砂浆残渣污垢、隔离剂油污、析盐、泛碱等均应清除干净。对光滑的混凝土表面进行凿毛处理。 （3）在墙表面喷涂抹灰结合层。喷涂结合层前，墙面应适当浇水湿润。 （4）采取钉钢丝网等抗裂措施。钢丝网与不同基体的搭接宽度每边不小于100mm。 （5）选用中砂含泥量不超过5%。中砂选用质地优良的水洗砂，从原材控制裂缝的减少。 （6）抹灰宜两遍成活，满挂抗裂玻纤网格布，以减少空鼓裂缝	清理基层 挂钢丝网

续表

编号	分部分项工程	通病现象及描述	原因分析	预防措施及标准做法	规范图片
2.1.7	涂饰墙面	墙面阴阳角不顺直：涂饰墙面基层完成后，抹面平整度差，阴阳角不方正，线条不顺直 阴角误差超规范	（1）基层施工前未放线。 （2）工具变形造成阴阳角不方正。 （3）冲筋用料强度较低或冲筋后过早进行抹面施工，冲筋处距阴阳角距离较远	（1）基层施工前应找方，横线找平，立线吊直，弹出基准线。 （2）用托线板检查墙面平整度和垂直度，确定抹灰厚度，在墙面两端上角用1:3水泥砂浆各做一处灰饼，利用托线板在墙面下端做出灰饼，拉线，间隔1.2~1.5m做墙面灰饼，冲纵筋（宽100mm）同灰饼平，再次利用托线板和拉线检查，无误后抹灰。 （3）检查修正抹灰工具，避免变形，抹阴阳角时应随时检查其方正度。 （4）罩面层施工前应进行检查验收，验收标准同面层，不合格处必须修整后再进行面层施工	横线找平，立线吊直 抹灰完成面

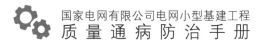

续表

编号	分部分项工程	通病现象及描述	原因分析	预防措施及标准做法	规范图片
2.1.8	涂饰墙面	返碱盐析：涂料返碱与盐析，涂料颜色不均匀，表面出现白色结晶物、起鼓等现象	（1）基材碱性太高或腻子质量太差，选用高碱性水泥。 （2）无封闭底漆或封闭底漆封闭性差，不耐水不耐碱。 （3）基层过于潮湿，未对基层进行防水处理。 （4）涂装前没有将基层上原有的霉菌清理干净。 （5）环境通风差，阴暗潮湿	（1）保证底层充分的养护期。 （2）使用高封闭性能的封闭底漆进行基层封闭。 （3）对沿海地区或容易受潮的墙面基层可进行防水处理。 （4）选用合格的防霉抗菌涂料	涂刷底漆 涂刷界面剂或防水层

续表

编号	分部分项工程	通病现象及描述	原因分析	预防措施及标准做法	规范图片
2.1.9	涂饰墙面	涂膜裂纹：干燥涂膜上生成线状多角状或不定状裂纹	（1）墙体自身变形开裂，尤其是轻质墙体。（2）基层未处理好，抹灰层强度太低、开裂，掉粉或有粉尘、油污等。（3）使用不合格的涂料，涂料所用基料过少或成膜助剂用量不够。（4）乳胶涂料施工时，温度低，涂料成膜不良。（5）底涂第一道涂层施涂过厚而又未完全干燥时，即施涂面层或第二道涂料，造成涂膜开裂	（1）涂料施工时基层应牢固洁净。（2）抹灰层应设置抗裂网。（3）选择质量良好的封闭底漆。（4）使用合格的专用腻子、涂料。（5）按规范要求施工	粘贴玻纤网格布

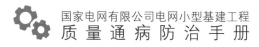

编号	分部分项工程	通病现象及描述	原因分析	预防措施及标准做法	规范图片
2.1.10	裱糊与软包墙面	裱糊面层起鼓：面层局部出现鼓包、起皮、接缝起翘	（1）材料收缩引起空鼓。（2）基层潮湿，含水量太高，或基层的灰尘、油污未清理干净。（3）基层的粉刷层强度低，出现脱落，引起墙纸起皮。（4）胶粘剂黏性小、不均匀	（1）严格按裱糊工艺操作，必须用橡胶刮板或胶辊由里向外赶刮或滚压，将气泡和多余的胶液赶出。（2）裱糊施工前基层需干燥，尘土、油污需清理干净。（3）选用合适的胶粘剂，涂刷的胶液要薄而均匀，胶液略有表干时再裱糊	表面平整美观

编号	分部分项工程	通病现象及描述	原因分析	预防措施及标准做法	规范图片
2.1.11	裱糊与软包墙面	裱糊接缝不平整：开关、插座周边裱糊起翘、不平整	（1）暗盒与原墙体相接不严。 （2）基层腻子处理不到位。 （3）裱糊铺贴不平整	（1）施工过程中，应注意清理原基层，合理处理暗盒四周基层，保证其平整度。 （2）裱糊施工应配合电工同时安装，周边处理平整后，再安装面板	裱糊平整

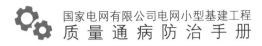

编号	分部分项工程	通病现象及描述	原因分析	预防措施及标准做法	规范图片
2.1.12	石材墙面	墙面拼缝不平：石材墙面拼缝处凹凸不平，高低差过大	（1）加工设备落后或生产工艺不合理，造成切割精度差。 （2）基层处理不好，板材未挑选，安装前试拼不认真。 （3）施工操作不当，造成石板外移或板面错动，以致出现接缝不平、高低差过大	（1）石材进场时严格检查，劣质和有损坏的石材严禁入场。 （2）石材加工应选择专业石材厂。 （3）对墙面板块进行专项装修设计，石材拼缝在深化设计阶段考虑周全	接缝平整

编号	分部分项工程	通病现象及描述	原因分析	预防措施及标准做法	规范图片
2.1.13	石材墙面	阳角缝隙不平整：阳角施工不规范，导致施工完成后阳角处缝隙大小不一或对接不平整	（1）用于阳角的石材未进行倒角加工。 （2）基层不平整未放线施工。 （3）前期策划未到位，未按设计要求施工	（1）在设计阶段出具阳角施工大样图。 （2）施工单位应按图加工。 （3）现场施工应带线安装保证竖向垂直度	石材倒角 45°角 石材禁止使用45°尖拼角 石材倒角样式

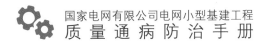

2.2 楼地面工程

编号	分部分项工程	通病现象及描述	原因分析	预防措施及标准做法	规范图片
2.2.1	陶瓷砖楼地面	楼地面空鼓：板块松动、空鼓，部分板块断裂	（1）基层清理不干净或浇水湿润不够，素水泥浆结合层涂刷不均匀或涂刷时间过长，致使风干硬结。 （2）垫层应为干硬性砂浆，如加水较多或一次铺贴太厚，容易造成面层空鼓。 （3）板块背面浮灰未刷净。 （4）对进场材料验收把关不严，板材脆弱等	（1）基层清理干净，并充分湿润，结合层应随拌随用，涂抹均匀。 （2）垫层砂浆用1：3干硬性水泥砂浆，铺设厚度以25~30mm为宜。 （3）板块背面的浮土等杂物必须清扫干净。 （4）加强材料进场检验，断裂等缺陷板材不得使用	干硬性砂浆厚度合适 结合层涂抹饱和均匀

续表

编号	分部分项工程	通病现象及描述	原因分析	预防措施及标准做法	规范图片
2.2.2	陶瓷砖楼地面	楼地面积水：阳台卫浴间厨房等有地漏的部位，排水不畅 地面坡度不够导致积水	（1）阳台卫浴间地面应比室内地面低15~20mm，但有时因施工疏忽造成地面积水。 （2）施工前，标高抄测不准确，施工中未找坡。 （3）阳台浴厕地漏安装过高	（1）施工前，应做好水平标志，以控制基层做法的厚度和标高，并随时进行校核。 （2）严格按设计要求进行找坡。 （3）根据地面做法，提前确定地漏安装高度，避免地漏标高不准确。 （4）可在浴厕间门口处做门槛，确保房间内有一定的坡度	地漏低于地面 最低点 最高点 卫生间找坡

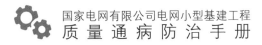

续表

编号	分部分项工程	通病现象及描述	原因分析	预防措施及标准做法	规范图片
2.2.3	陶瓷砖楼地面	饰面砖面层污染：不注重成品保护对瓷砖表面造成破坏	（1）饰面砖进场检验把关不严。（2）由于工种不同，管理不严等原因，交叉污染，电焊时饰面无防护遮盖，电焊火花灼伤饰面砖等。（3）清理不及时，其他颜色侵蚀	（1）加强饰面砖进场检验，严把吸水率和表面质量关，材料在运输存放过程中，防止包装的纸箱或草绳被雨水淋湿，水分浸透板材而生成黄色斑点。（2）严格按照规范要求施工。（3）工完料净，加强成品保护	瓷砖成品保护 勾缝饱满并及时清理

续表

编号	分部分项工程	通病现象及描述	原因分析	预防措施及标准做法	规范图片
2.2.4	石板材楼地面	板面不平：板块接缝不平、缝隙不均，纵横方向留缝宽窄不均，观感效果差	（1）板块本身几何尺寸不一、有厚薄、宽窄、窜角、翘曲等缺陷，事先挑选不严，铺设后在接缝处易产生板面不平和缝隙不均现象。 （2）各房间内水平标高线不统一，导致楼道与门口处出现地面高低差。 （3）铺设时，结合层砂浆稠度较大，未试铺，一次成活，造成接缝不平、缝隙不均。 （4）楼地面铺设后，成品保护不好，在养护期内上人过早	（1）必须从楼道统一往各房间内引测标高线，在楼地面上弹出十字线。 （2）铺贴标准块后应向两侧和后退方向顺序铺设，粘贴砂浆稠度不应过大。 （3）板块本身几何尺寸应符合规范要求，凡有翘曲、拱背、宽窄不方正等缺陷时，应事先套尺检查，对有缺陷的板块挑出不用或分档次使用。 （4）楼地面铺设后，在养护期内禁止上人活动，要做好成品保护工作	地面石材铺装规范

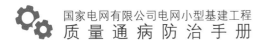
编号	分部分项工程	通病现象及描述	原因分析	预防措施及标准做法	规范图片
2.2.5	石板材楼地面	返碱、盐析：地面铺设石材，出现泛碱、盐析现象	（1）石材出厂前本身的六面防护不到位。 （2）施工方法不当，在铲除石材背面防潮网片时，将石材防护层破坏。 （3）地面基层湿度大，未采用石材专用胶，致使深色水分泛出	（1）石材出厂前应做好六面防护，石板安装前在石材背面和侧面涂专用处理剂。 （2）作业前不可大量对石材和地面淋水；卫生间、浴室等用水房间内壁应做防渗处理。 （3）应采用干贴做法，结合石材专用胶黏结，防止石材出现返碱现象	表面洁净无返碱

续表

编号	分部分项工程	通病现象及描述	原因分析	预防措施及标准做法	规范图片
2.2.6	木地板楼地面	缝隙不匀：木地板拼接缝过大、缝隙不匀、表面平整度差、局部上翘、起灰 	（1）基层凹凸不平，浮灰清理不干净。 （2）地板条规格不符合要求，宽窄不一、企口榫太松等。 （3）地板含水率过大，铺设后经风干收缩缝隙变大。 （4）室内湿作业，或在交叉作业的情况下铺设木地板，湿度大。 （5）木地板材料本身变形翘曲。 （6）拼装过紧，地板与墙面间未留伸缩缝或留得过小	（1）地板铺设前应将基层清理干净，复合木地板应做自流平，实木地板龙骨面层应加基层板，保证基层平整。 （2）地板应在室内比较干燥的环境下铺设，室内湿作业完成后，应将地面清理干净，晾放7~10天。 （3）地板条拼装前，须严格挑选。 （4）地板与墙面踢脚线处预留8~12mm间隙，用收口条收边	木地板缝隙均匀 收边处理

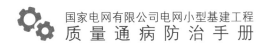

国家电网有限公司电网小型基建工程
质量通病防治手册

续表

编号	分部分项工程	通病现象及描述	原因分析	预防措施及标准做法	规范图片
2.2.7	塑胶地面	起鼓：面层起鼓，边角起翘	（1）基层表面粗糙，或凹陷孔隙。 （2）基层含水率过大，水分蒸发引起面层起鼓。 （3）基层表面不清洁，有浮尘、油脂等，降低了胶黏剂的胶结效果。 （4）胶黏剂质量差或粘贴方法不当，引起面层空鼓	（1）基层表面应坚硬、平整、光滑、无油脂及其他杂物。 （2）水泥砂浆找平宜用1：1.5~1：2配比，用铁抹子压光，减少细孔隙，并做自流平处理。 （3）采用质量合格的专用胶黏剂	面层平整

续表

编号	分部分项工程	通病现象及描述	原因分析	预防措施及标准做法	规范图片
2.2.8	塑胶地面	拼缝不平整：拼接焊缝未焊透，焊缝凹凸不平，宽窄不一	（1）拼缝坡口切割宽窄、深浅不一致。 （2）焊接后，在焊缝熔化物尚未完全冷却的情况下就进行切平工作。 （3）焊枪出口气流温度、速度过低，空气压力过高，焊枪移动速度过快等，使焊条与板缝不能充分熔化	（1）拼缝坡口切割应正确，边缘应整齐、平滑，角度不宜过小。 （2）应待焊缝温度冷却到室内常温后再行进行切平工作。 （3）掌握好焊枪气流温度和空气压力值，及焊枪喷嘴的角度和距离，控制焊枪的移动速度	 焊缝平齐规整

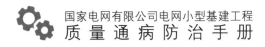

国家电网有限公司电网小型基建工程
质量通病防治手册

续表

编号	分部分项工程	通病现象及描述	原因分析	预防措施及标准做法	规范图片
2.2.9	地毯楼地面	拼缝不平整：地毯与板材等其他材料拼接处有落差、高低不平	（1）施工前未了解地毯与板材的厚度。 （2）地毯与板材之间接缝未采用收口条，使用过程中产生松动	（1）施工前应确定地毯及垫层的小样厚度，根据小样的尺寸预留合适的高度。 （2）地毯与板材等材料地面平接时做好找坡，拼接处可用收口条处理	拼缝平整

续表

编号	分部分项工程	通病现象及描述	原因分析	预防措施及标准做法	规范图片
2.2.10	地毯楼地面	表面不平整：地毯呈波浪状，或有起鼓皱褶现象	（1）地毯铺设时，出现起鼓现象，未重新铺展。 （2）地毯铺设时，推张松紧不均，铺设不平伏，出现松弛状况。 （3）墙柱边的倒毛刺未能抓住地毯，致使地毯出现波浪状，产生了皱褶	（1）地毯铺设时，出现起鼓现象，立即重新铺展。 （2）地毯铺设时，必须用膝撑逐段逐行，推张地毯，使之即拉紧又平伏于地面并随即固定，防止松弛。 （3）墙角处的地毯应剪裁合适，压进墙边，边用扁铲敲打，与墙边的倒毛刺黏接牢固	地毯平整

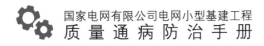
续表

编号	分部分项工程	通病现象及描述	原因分析	预防措施及标准做法	规范图片
2.2.11	防静电板楼地面	板面变形：防静电地板变形，走动有响声，缝隙过大、错缝，整体不美观 	（1）防静电地板可调支柱顶面标高不一致，桁条不平。 （2）防静电地板可调支柱螺丝固定不到位，未锁死。 （3）防静电面板尺寸不标准	（1）桁条安装后应用水平尺测量确保面板标高一致。 （2）可调支柱螺丝在确认面板标高一致后锁死，可用玻璃胶固定，防止后期松动。 （3）铺设前应检查面板尺寸，剔除不符合标准的防静电地板	防静电地板规范敷设

2.3 吊顶工程

编号	分部分项工程	通病现象及描述	原因分析	预防措施及标准做法	规范图片
2.3.1	金属板吊顶	吊顶龙骨不平整：龙骨安装高低不平，有明显弧度或变形，倾斜	（1）墙面四周未弹标高控制线。 （2）吊杆或吊筋间距过大，吊筋不垂直，龙骨受力不均匀。 （3）主、次龙骨连接不紧密。 （4）主龙骨不顺直龙骨接头安装不平。 （5）横撑龙骨下料不对，过大或过小或横撑龙骨截面切割产生的毛刺未处理平整	（1）施工前，根据设计标高，弹出控制标高线。 （2）主、次龙骨，吊筋需严格按规范施工。 （3）横撑龙骨严格按次龙骨的间距下料，且待端头的毛刺处理平整后方可安装。 （4）龙骨与四周的墙体固定牢固无松动	龙骨间距规范

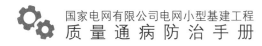

续表

编号	分部分项工程	通病现象及描述	原因分析	预防措施及标准做法	规范图片
2.3.2	金属板吊顶	吊顶显缝、变形：板与板之间缝隙大，板面变形	（1）边板未留调节缝隙。 （2）安装金属板时，龙骨未调平就进行安装，使金属板受力不均匀产生变形。 （3）吊杆未按规范固定，产生松动、变形。 （4）金属板自身变形	（1）测量及排板时在边板留有调节空间。 （2）安装金属板前，应先将龙骨调直调平。 （3）吊筋设置必须符合规范要求。 （4）安装前检查金属板质量，剔除不符合标准的板材	龙骨调平调直 板材验收

续表

编号	分部分项工程	通病现象及描述	原因分析	预防措施及标准做法	规范图片
2.3.3	石膏板/硅酸钙板/矿棉板吊顶	面板变形、开裂：面板产生裂缝，变形挠度过大 吊顶上的裂缝	（1）吊杆安装松动，主龙骨与吊杆连接、主次龙骨的连接件安装不牢。 （2）吊杆安装前未弹分格线，导致吊杆间距不符合规范要求。 （3）次龙骨间距偏大，导致板面变形挠度过大。 （4）固定螺钉与板边的间距不均匀	（1）按规范施工吊杆龙骨。 （2）安装吊杆时，按规定在楼板底面弹吊杆的位置线，按照面板规格尺寸确定吊顶间距。 （3）龙骨端部与墙面间的距离应小于100mm，选用大块板材时间距也不宜大于300mm。 （4）自攻螺钉与板边的距离不得小于10mm，也不宜大于16mm，螺钉间距宜取200、250mm	吊杆筋龙骨规范设置 对面板进行放线定位

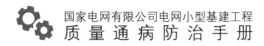

编号	分部分项工程	通病现象及描述	原因分析	预防措施及标准做法	规范图片
2.3.4	石膏板／硅酸钙板／矿棉板吊顶	面板排版不合理：石膏板／硅酸钙板／矿棉板吊顶出现窄条或大小头	（1）面板施工时未进行现场排版。 （2）未进行前期策划，未预先按设计要求制作标准板块样板。 （3）施工单位对班组技术交底不清	（1）施工前应对面板进行排版。 （2）根据材料规格进行现场预排，做出策划图，并制作标准样板。 （3）施工前应对班组进行技术交底	排版效果

续表

编号	分部分项工程	通病现象及描述	原因分析	预防措施及标准做法	规范图片
2.3.5	石膏板/硅酸钙板/矿棉板吊顶	开孔位置不合理：吊顶风机检修孔安装在风机侧面不便维修 检修孔安装于风机侧面不妥 检修孔与回风孔合二为一不妥	（1）回风口兼作检修口。 （2）项目部管理人员不了解风机性能及各部件使用功能	（1）检修孔应安装在便于检修风机之处。 （2）如回风有管道的，回风口不能兼作检修口，必须另设检修孔。 （3）小过道吊顶的检修可以采用活动板形式处理	检修孔位置准确

续表

编号	分部分项工程	通病现象及描述	原因分析	预防措施及标准做法	规范图片
2.3.6	石膏板／硅酸钙板／矿棉板吊顶	布点不合理：喷淋处开孔粗糙，位置随意，喷淋突出顶面，间隙过大 	（1）未做好图纸交底及现场交接。 （2）前期策划不到位，工人开孔随意。 （3）未按照设计图施工	（1）加强前期策划，与消防、暖通等各专业协调配合，确认综合布点，控制好最终装饰效果。 （2）根据确认的综合布点图现场进行准确定位。 （3）喷淋处面板采用开孔器开孔	 设备末端准确定位

2.4 门窗工程

编号	分部分项工程	通病现象及描述	原因分析	预防措施及标准做法	规范图片
2.4.1	铝合金/塑钢门窗	缝隙不严密：窗体与墙体接缝处缝隙过大，渗水	（1）门窗制作和安装时存在拼接缝隙。 （2）窗框与洞口墙体间的缝隙填塞不密实。 （3）推拉窗下滑道内侧的挡水板偏低，风吹雨水倒灌。 （4）平开窗搭接不好，在风压作用下雨水倒灌。 （5）窗楣、窗台未做滴水线及斜坡	（1）对窗框的榫接、铆接、滑撑、方槽、螺钉等部位均采用防水胶密封严实。 （2）窗框与洞口墙体间的缝隙用发泡剂填充密实后，外侧采用防水密封胶密封。 （3）将推拉窗框内的低边挡水板下滑道改换成高边挡水板内下滑道。 （4）窗楣、窗台做滴水线，外窗台做泛水坡	泛水坡 打胶密实

续表

编号	分部分项工程	通病现象及描述	原因分析	预防措施及标准做法	规范图片
2.4.2	铝合金/塑钢门窗	附件等安装不到位：门窗开关困难及锁具启闭不灵活	（1）门窗制作过程中，选用强度低的钢衬；下料尺寸不准确；组装未到位；使门窗开关困难，锁具启闭不灵活。 （2）门窗安装未校对水平和垂直：造成平开门窗开时灵活关时困难；推拉门窗推拉困难，相邻两扇门窗间距过小而摩擦，限制相对滑动。 （3）附件安装不到位：推拉窗滑轮磨损，同扇门窗两个滑轮不平行，轮轴与滑轨不垂直、平开窗的合页轴线不在一条线上或合页破裂等，影响门窗开关的灵活性。 （4）锁具安装位置不准确，锁具质量差，也会影响门窗启闭	（1）门窗加工制作过程中保证尺寸准确，组装到位。 （2）门窗安装时要校对水平垂直。 （3）五金及附件安装到位，保证品质。 （4）选用合格锁具，位置安装准确	正确安装五金及附件

续表

编号	分部分项工程	通病现象及描述	原因分析	预防措施及标准做法	规范图片
2.4.3	木门窗	门窗框变形：门窗框的边梃与墙轴线不垂直，门窗框墙中部位里外倾斜；门窗扇开关不灵或自动开闭	（1）施工安装时，未用线坠将框吊直、校正。 （2）施工过程中门窗框发生偏移	（1）立门窗框时必须拉通线找平，并用线坠逐樘吊正吊直。 （2）门窗框立好并吊直后，应用斜撑与地面的小木桩临时固定，然后再复查一次是否保持垂直。 （3）在施工过程中，抹灰工与木工要密切配合，及时检查校正门窗框是否垂直，如发生歪斜，应及时纠正	门框调直 门框固定

编号	分部分项工程	通病现象及描述	原因分析	预防措施及标准做法	规范图片
2.4.4	木门窗	门窗框与墙体间裂缝：门窗洞口砂浆裂缝、脱落	（1）预埋木砖间距过大。 （2）预留门窗洞口过大。 （3）门窗洞口塞灰不严	（1）预埋木砖数量应按图纸规定设置。 （2）对于较大木门窗，应预埋混凝土预制块。 （3）门窗洞口每边空隙不应超过20mm，若超过20mm时，联结钉子相应要加长，门框与木砖结合时，每一块木砖要钉2个钉子，上下要错开，钉子钉进木砖至少50mm。 （4）门窗框门框与洞口之间缝隙优先采用发泡胶进行填充；采用细石混凝土填缝时，超过30mm应灌细石混凝土，不足30mm应分层填塞干硬性砂浆，前次砂浆硬化后再塞第二次，以免收缩过大	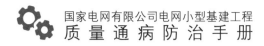 门窗安装

2.5 隔墙工程

编号	分部分项工程	通病现象及描述	原因分析	预防措施及标准做法	规范图片
2.5.1	砖砌隔墙	砌体砂浆不饱满：实心砖灰缝饱满度低于80%，竖缝内无砂浆，砂浆与砖黏结不良	（1）采用低强度等级的砂浆，和易性差，砌筑时铺灰不均，不饱满。 （2）使用干砖砌筑使砂浆脱水干硬，削弱了砖与砂浆的黏结度。 （3）砌砖时使用扣心法，使得中间空心	（1）改善砂浆的和易性，提高砂浆强度。 （2）黏土砖砌砖前一天浇水湿润，以水进入砖四边15mm为宜，含水率10%~15%。雨季和冬季应根据情况调整饱和度状态。 （3）应改进砌砖法，采用一铲灰、一块砖、一挤柔的"三一"砌砖法	勾缝饱和

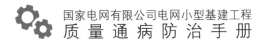

续表

编号	分部分项工程	通病现象及描述	原因分析	预防措施及标准做法	规范图片
2.5.2	砖砌隔墙	墙体开裂：梁柱与墙结合处出现裂缝 	（1）混凝土柱、墙、梁未按规定预埋拉接筋。 （2）填充墙顶部与混凝土梁之间缝隙填充不实	（1）混凝土梁、柱应预留拉接筋，并与填充墙有效连接。 （2）填充墙顶部与混凝土梁之间按照相关规范图集施工	 梁柱与墙无裂缝

编号	分部分项工程	通病现象及描述	原因分析	预防措施及标准做法	规范图片
2.5.3	砖砌隔墙	管槽墙面裂缝：预埋管槽墙面抹灰空鼓、裂缝	（1）内暗敷管槽开槽不正确。 （2）敷管后对管槽填抹砂浆的方法不正确	（1）管槽开设前应按设计要求先用墨线按槽宽弹出两边线，槽宽应为管径+3cm，开槽深度应为管径+2.2cm左右。 （2）槽内敷管距槽底8~10mm，并用管卡固定牢固，且在两端和转弯处两侧各设一个。 （3）管子敷设时应将管端的接线盒同时安装固定，并用锁母与接线盒连接。 （4）安装完成经检查合格后，用1：2水泥砂浆对管槽进行嵌填	 埋管正确做法

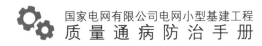

国家电网有限公司电网小型基建工程
质量通病防治手册

续表

编号	分部分项工程	通病现象及描述	原因分析	预防措施及标准做法	规范图片
2.5.4	轻钢龙骨石膏板隔墙	连接处裂缝：轻钢龙骨石膏板隔墙与结构主体的墙（柱）、顶板连接处出现裂缝	（1）龙骨质量差，有变形。（2）隔墙与结构墙体及顶板相接处，没有黏接缝带或玻璃纤维带，未用配套的嵌缝料按工艺标准处理	（1）轻钢龙骨与主体结构按规范固定，水平度、垂直度满足规范要求。（2）隔墙与结构墙体及顶板相接处采用黏接缝带或玻璃纤维带，并用配套的嵌缝料按工艺标准处理	玻璃纤维带工艺

续表

编号	分部分项工程	通病现象及描述	原因分析	预防措施及标准做法	规范图片
2.5.5	玻璃隔墙	玻璃隔断晃动：玻璃隔墙固定不牢	（1）未校准水平垂直、测量放线，玻璃尺寸偏差。 （2）玻璃隔墙基层粗糙、不平整。 （3）金属框架固定不规范	（1）安装前应进行现场的尺寸校验，保证安装连接的位置精准无误，安装后校准隔墙水平垂直度。 （2）保证隔墙基层平整、牢固。 （3）固定金属框架要规范，采用金属膨胀螺栓，直径不得小于 8mm，间距不得大于 500mm	现场尺寸校验 隔墙基层平整、牢固

111

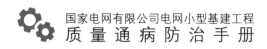

2.6 防水工程

编号	分部分项工程	通病现象及描述	原因分析	预防措施及标准做法	规范图片
2.6.1	屋面防水	防水卷材起鼓：卷材与基层黏结不密实形成的鼓包现象，易遭破坏，加速防水老化，影响防水效果	（1）热熔法铺贴卷材时操作不当，基层不干燥。（2）加热不均匀，铺贴不密实	（1）屋面找平层应干燥，不能在雨、雪、雾天施工。（2）根据设计要求采用实铺法或虚铺法，规范施工	规范铺贴

续表

编号	分部分项工程	通病现象及描述	原因分析	预防措施及标准做法	规范图片
2.6.2	屋面防水	屋面积水：屋面找坡不符合设计规范要求，在檐沟、落水口处出现排水不畅或积水现象	（1）屋面檐沟、天沟纵横坡施工时控制不严，不符合设计要求，设计未根据屋面形式、面积将屋面划分成若干排水区域。 （2）落水口埋设标高过高或水落管内径过小	（1）屋面排水纵坡及横坡应严格按设计规范施工，应划分排水区域和排水线路，力求排水通畅简捷，落水口雨水负荷均匀。 （2）平屋面宜设结构找坡，其横坡不应小于3%，檐沟、天沟纵向坡度不应小于1%。 （3）檐沟沟底水落差不得超过200mm，落水管内径不应小于75mm，每根落水管的汇水面积宜为150~200m^2。 （4）屋面找平层施工时，应严格按设计坡度拉线，并在相应位置上冲筋设基准点	屋面排水坡度合理 排水口排水顺畅

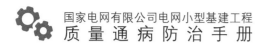

编号	分部分项工程	通病现象及描述	原因分析	预防措施及标准做法	规范图片
2.6.3	外墙防水	幕墙渗水：幕墙系统水密性气密性不符合要求，雨天漏水	（1）设计不当渗水，设计图纸的防水构造不合理，引起幕墙渗水。 （2）铝型材缺陷渗水，幕墙严重变形，引起雨水渗漏。 （3）密封胶老化，在温度变化时拉裂起鼓，引起渗水。 （4）幕墙玻璃缺陷渗水。 （5）幕墙安装缺陷渗水	（1）设计图纸应考虑防水构造措施，合理设置泛水节点、等压腔和特别压力引入孔。 （2）幕墙龙骨应选用符合国家规范要求的优质高精度的铝型材。 （3）应选用符合国家规范要求的优质耐候硅酮密封胶。 （4）幕墙玻璃公差尺寸以及玻璃嵌入龙骨的缝隙量应符合规范要求。 （5）幕墙龙骨安装、耐候硅酮密封胶封堵应严格按规范施工	打胶密实

编号	分部分项工程	通病现象及描述	原因分析	预防措施及标准做法	规范图片
2.6.4	外墙防水	外墙渗漏水：外墙开裂产生渗漏 	（1）设计时未考虑外墙防水措施。 （2）墙体灰缝不饱满，塔吊的附墙处、脚手架眼等填补不密实，存在孔洞、缝隙。 （3）由于建筑物的温度和沉降等变形产生墙体开裂渗漏。 （4）由于屋面的渗漏顺墙而下造成墙体渗漏。 （5）窗框与窗洞四周的塞缝处理及周边防水密封不当	（1）设计时应严格按规范要求设置外墙防水。 （2）墙体砌筑时应严格按照规范要求施工，保证墙体灰缝饱满，施工孔洞填补密实。 （3）外墙饰面层勾缝材料宜用水泥砂浆内掺甲基纤维素，勾缝必须密实光滑，无裂缝、砂眼。 （4）窗框与洞口墙体间的缝隙用发泡剂填充密实，外侧采用防水密封胶密封	瓷砖勾缝饱满

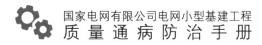

国家电网有限公司电网小型基建工程
质 量 通 病 防 治 手 册

续表

编号	分部分项工程	通病现象及描述	原因分析	预防措施及标准做法	规范图片
2.6.5	外墙防水	外墙穿管处漏水：穿管处水室内有渗漏现象	（1）穿墙管坡度设置不合理。 （2）穿墙管与墙交接处缝隙处理不满足防水要求	（1）穿墙管道应设置套管，套管应内高外低，坡度不小于5%。 （2）套管与墙交接处按设计要求施工。 （3）空调穿孔应采用专用管卡进行封堵	外墙穿管处防水构造 1—伸出外墙管道；2—套管；3—硅铜耐候胶； 4—聚合物水泥防水砂浆；5—细石混凝土

续表

编号	分部分项工程	通病现象及描述	原因分析	预防措施及标准做法	规范图片
2.6.6	卫生间防水	楼板管道交接处渗漏：卫生间管道穿板处渗水	（1）卫生间穿板管未设置套管，且未封堵密实。 （2）地坪找坡时未坡向地漏，使积水不能排走	（1）穿板管均应按图纸要求预埋防水套管。 （2）穿过楼板的套管与管道之间缝隙，应设置止水带，并用细石混凝土分两次封堵密实。 （3）厨卫间地面管道边应做防水附加层，墙身阴阳角应做圆弧处理。管道或套管灌实后应予以保护不被震动。管道根部处理完成后须做24h蓄水试验。 （4）在穿过楼板面的管道（套管）四周，防水材料应向上铺涂，并超过套管的上口，在根部增加铺涂附加防水层	 套管施工示意图 （a）管道穿楼板堵塞；（b）地漏口堵塞 管口处封堵

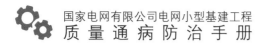

续表

编号	分部分项工程	通病现象及描述	原因分析	预防措施及标准做法	规范图片
2.6.7	卫生间防水	楼板渗水：卫生间楼板有渗、漏水现象	（1）设计图纸要求不明确，地面标高、坡度、地漏形式、防水要求等未做具体说明。（2）卫生间防水层施工时基层不平整，地坪找坡时未坡向地漏，卫生间地面常积水。（3）防水层底板与墙角交接处、淋浴侧未上翻或上翻高度不足	（1）设计图应严格按照规范要求设计。（2）防水层的基层表面应平整干燥，防水层应与基层结合牢固，表面应平整，不得有空鼓裂缝和麻面起砂，阴阳角应做成圆弧形。（3）底板与墙角交接处、淋浴侧严格按设计上翻，涂刷均匀无漏点。（4）做好24h闭水试验，有渗漏处，应重新施工	四周上翻 基层平整干净

2.7　幕墙工程

编号	分部分项工程	通病现象及描述	原因分析	预防措施及标准做法	规范图片
2.7.1	石材幕墙	密封胶不顺直：密封胶出现薄厚、宽窄不一的现象	（1）饰面板块之间的距离及平整度不好，影响胶缝宽度。 （2）横竖框安装的精度不高，导致饰面胶缝宽度不均。 （3）接缝处未填塞泡沫条或填塞与接缝宽度不配套的泡沫条，影响胶缝宽度	（1）实际注胶宽度宜比设计加宽1mm。 （2）饰面板块的品种规格和主要技术性能应符合设计要求。 （3）接缝处填塞与接缝宽度配套的泡沫条	打胶顺直

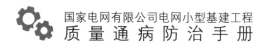
续表

编号	分部分项工程	通病现象及描述	原因分析	预防措施及标准做法	规范图片
2.7.2	石材幕墙	连接件与预埋件节点处理不符合要求：石材龙骨直接固定在砌块墙上，板材与龙骨间用胶黏结	幕墙与主体结构的连接处理具体做法未进行二次深化设计	（1）幕墙设计应由有资质的设计单位承担，或厂家进行二次设计后，经有资质的设计单位进行审核。（2）幕墙设计时，要对连接部位画出 1∶1 的节点大样图，对材料的规格、型号、焊缝等要求应注明。（3）焊工应持证上岗，焊缝应饱满、平整，符合设计要求	节点规范连接

编号	分部分项工程	通病现象及描述	原因分析	预防措施及标准做法	规范图片
2.7.3	石材幕墙	预埋件安装不规范：预埋件漏埋、偏位、松动、变形 节点缝隙超标 节点缝隙超标 尺寸错误	（1）施工单位为节约成本、加工方便而擅自改变预埋件形式。如缩短锚固筋长度，锚筋和钢板设计要求采用塞焊缝等，都会降低预埋件的承载力。 （2）预埋件固定未采取有效措施，在混凝土浇筑时产生位移，影响立柱的连接，幕墙施工人员随意采取处理措施。 （3）施工不当，导致预埋件漏埋或埋件偏离大等问题发生	（1）加强预埋件的施工质量控制并按设计图纸进行加工制作安装，且应采取有效措施将预埋件固定在钢筋或模块上。在混凝土浇筑过程中，应对预埋件进行检查，以避免埋件位移。 （2）后置锚固件采用化学螺栓时，必须用在混凝土上，不得用在砖墙上。 （3）钢龙骨安装偏差应严格控制，横梁与立柱的标高、轴线、垂直度、间距、挠度应控制在允许偏差内，以保证石材安装有足够的调节范围	主龙骨 固定螺栓 埋板 樱花红石材 石材挂件 次龙骨 幕墙连接示意图

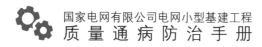
续表

编号	分部分项工程	通病现象及描述	原因分析	预防措施及标准做法	规范图片
2.7.4	玻璃幕墙	连接处无垫片：连接件与立柱、立柱与横梁之间未按规范要求安装垫片	（1）不同金属材料接触处未设置垫片。 （2）幕墙立柱与横梁之间的连接处未加设垫片	（1）为防止不同金属材料相接触产生电化学腐蚀，须在其接触部位设置垫片。 （2）幕墙立柱与横梁之间为解决横向温度变形和噪声的问题，在连接处宜加设垫片	连接做法

续表

编号	分部分项工程	通病现象及描述	原因分析	预防措施及标准做法	规范图片
2.7.5	玻璃幕墙	防火封堵不规范：幕墙与外墙间隙无防火封堵或防火封堵未采用阻燃材料	（1）幕墙设计时未考虑到防火封堵的设计。 （2）立面分割不合理，在楼层梁处未设幕墙分格横梁，防火层位置设计不正确，节点无设计大样图。 （3）施工未按规范要求进行	（1）设计应按现行防火规范要求在幕墙与外墙间隙设置防火封堵。 （2）外立面分割应同步考虑防火安全设计，并应绘制大样图且提出设计要求。 （3）幕墙设计时应与结构专业配合，横梁的布置与层高相同，便于设置防火封堵。 （4）玻璃幕墙与每层楼层处、隔墙处的缝隙应用防火棉等不燃烧材料按规范要求封堵	防火构造节点

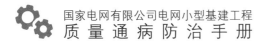

续表

编号	分部分项工程	通病现象及描述	原因分析	预防措施及标准做法	规范图片
2.7.6	金属板幕墙	面板不平：金属板安装饰面不平整、变形 铝板安装不平	（1）工厂加工精度及质量把控不严，饰面材料本身不平，平整度超差。 （2）难以消除的后期变形：铝板应力变形等材料不平。 （3）现场安装时，横竖框安装的精度不够，饰面板安装定位不准，压块紧力不够	（1）方案设计和深化设计时合理减小分格尺寸，使材料大小均匀，减少加工和安装难度。 （2）做好材料运输、储藏和安装过程中的管理。 （3）严格施工样板先行制，加强现场质量检查和验收	饰面平整

124

2.8　细部及其他工程

编号	分部分项工程	通病现象及描述	原因分析	预防措施及标准做法	规范图片
2.8.1	屋面泛水	变形缝渗漏：雨水沿变形缝渗入室内	（1）屋面变形缝泛水墙高度不符合设计要求。 （2）屋面变形缝与屋面交接处未增设防水附加层。 （3）变形缝防水构造不合理	（1）屋面变形缝泛水墙的高度不应小于规范要求。 （2）屋面变形缝与屋面交接处增设的附加层长度和宽度应满足规范要求。 （3）对于高低跨变形缝，附加层卷材一端置于防水层下方，另一端用金属条定压在高跨墙体凹槽内，并用密封材料封固	 等高变形缝 1—防水卷材；2—混凝土盖板；3—衬垫材料； 4—附加层；5—不燃保温材料；6—防水层 高低跨变形缝 1—防水卷材；2—不燃保温材料；3—金属盖板； 4—附加层；5—防水层

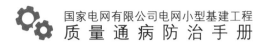
续表

编号	分部分项工程	通病现象及描述	原因分析	预防措施及标准做法	规范图片
2.8.2	屋面泛水	女儿墙、山墙渗漏水：雨水从防水层与墙体缝隙中渗入室内	（1）女儿墙和山墙与屋面交接处的防水层未设顶部压条，雨水会从防水层与墙体的缝隙中渗入室内。 （2）女儿墙和山墙与屋面交接处未增设附加层。 （3）女儿墙和山墙的泛水高度不符合设计要求	（1）女儿墙和山墙压顶可采用混凝土或金属制品；压顶向内排水坡度不应小于5%，压顶内侧下端应做滴水处理。 （2）女儿墙和山墙与屋面交接处的防水层下面应增设附加层，附加层在平面和立面的宽度均不应小于250mm。 （3）女儿墙和山墙的泛水高度不应小于250mm。 （4）低女儿墙泛水处的卷材防水层可直接铺贴或涂刷至压顶下，卷材收头应用金属压条固定，并用密封材料封严；涂膜收头应用防水涂料多遍涂刷。高女儿墙的卷材防水层泛水高度不应小于250mm，泛水上部的墙体应做泛水处理	低女儿墙做法 低女儿墙做法

编号	分部分项工程	通病现象及描述	原因分析	预防措施及标准做法	规范图片
2.8.3	屋面防水	檐沟和天沟渗漏水：檐沟、天沟内积水，反向溢水流向室内	（1）檐沟和天沟与屋面交接处未增设附加防水层。 （2）檐沟防水层节点处理不当	（1）檐沟与天沟防水层下面应增设附加防水层。 （2）从防水层向外的檐沟顶部至檐沟下部，均应采用聚合物水泥砂浆铺抹，卷材应采用金属压条钉压固定，并采用密封材料封堵	 **规范做法** 1—防水层；2—附加层；3—密封材料； 4—水泥钉；5—金属压条；6—保护层

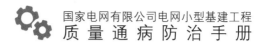
续表

编号	分部分项工程	通病现象及描述	原因分析	预防措施及标准做法	规范图片
2.8.4	保温节能	保温层脱落：建筑外墙保温层空鼓、脱落	（1）基层墙面过于干燥，未设界面处理，粘贴剂质量不合格。 （2）保温材料吸水自重增加导致脱落。 （3）锚固胀栓设置数量不足、间距过大。 （4）保温层顶部未做泛水处理。 （5）外墙砌体未做保温层基层抹灰，直接将保温板粘贴在砌体上，造成保温板空鼓	（1）黏结剂涂抹面积应符合施工规范规定。 （2）基层施工时应喷涂界面剂。 （3）加强保护，防止淋雨吸水。 （4）选用长度合适的胀栓、质量合格的耐碱网格布，规范施工。 （5）严格按照设计方案及施工工艺施工	保温板规范施工 保温规范施工 1—黏结层：黏结剂；2—保温层：保温板；3—防护层：胶浆＋网格布；4—饰面层：涂料／砖等；5—基层墙体：用砂浆抹平

续表

编号	分部分项工程	通病现象及描述	原因分析	预防措施及标准做法	规范图片
2.8.5	保温节能	外保温系统渗水：外墙、顶层屋面与外墙交界处出现渗漏水，外墙内表面发生结露、发霉现象	（1）落水管、门窗洞口周边密封不严，造成局部渗水。 （2）保温层表面裂缝渗水。 （3）施工不当，致使局部保温层太薄，保温效果差，造成外墙内表面结露、发霉。 （4）上窗口、阳台顶等部位未设滴水线，造成局部渗水	（1）落水管、门窗洞口周边做好密封处理。 （2）针对已完工的墙体保温工程，如因后续工序造成损害，应及时修复。 （3）严格控制基层墙体平整度，确保保温层厚度。 （4）上窗口、阳台顶灯部位应设滴水线	规范施工

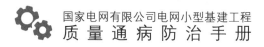
续表

编号	分部分项工程	通病现象及描述	原因分析	预防措施及标准做法	规范图片
2.8.6	保温节能	保温层涂料饰面层破裂：保温饰面层在使用过程中开裂、起泡、脱落	（1）保温层开裂，引起保温体系面层开裂。 （2）檐沟、女儿墙等节点保温设计不合理，引起热胀冷缩应力集中，产生开裂。 （3）底层墙面、阳角和窗口处受撞击破坏开裂。 （4）聚合物抹面砂浆未完全达到终凝强度时，因雨淋或受冻害容易发生表面裂纹及开裂。 （5）耐碱玻纤布搭接长度不够、密度不足，对面层约束力不足，易产生面层裂纹	（1）保温层、抗裂防护层、装饰层在干燥前应防止水冲、撞击、振动。 （2）做好节点保温设计，避免应力集中。 （3）首层墙面、门窗洞口和阳角部位应铺贴双层耐碱玻纤网格布加强，洞口四角沿45°方向加贴耐碱玻纤网格布，首层墙面阳角处设2m高金属护角。 （4）使用质量合格的聚合物抹面砂浆，未完全达到终凝正常强度时，防止浸水、受冻或失水过快产生裂纹。 （5）选用质量合格的耐碱玻纤网格布，严禁耐碱玻纤网格布对接、干搭接，搭边不少于50mm	网格布 宽度按工程设计 10 浆料保温层 保温规范施工

编号	分部分项工程	通病现象及描述	原因分析	预防措施及标准做法	规范图片
2.8.7	细部节点	预埋件预埋位置不合理：楼梯扶手预埋件位置与施工铺贴石材开洞位置对不上，导致石材浪费或不美观	（1）前期对楼梯石材与扶手施工人员配合交底不清。 （2）楼梯工人安装预埋件时，放线不准确，未考虑踏步板挑出的距离。 （3）管理人员未对放线尺寸复核，施工人员便进行下道工序施工，发现问题未告知管理人员，未及时对预埋件进行调整	（1）前期对楼梯石材与扶手施工人员配合做好交底工作。 （2）对预埋件放线尺寸管理人员必须进行复核，确保无误后，才允许下道工序的施工	贴砖前进行放线并复核 规范照片

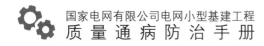
续表

编号	分部分项工程	通病现象及描述	原因分析	预防措施及标准做法	规范图片
2.8.8	细部节点	窗帘盒同一视角安装高低不平：同一墙面若干个窗帘盒不在同一水平线上	（1）安装窗帘盒时，未精确测量高度。 （2）一面墙上设多个窗帘盒，安装时未拉通线	（1）窗帘盒的标高必须以基准线精准测量。 （2）同一墙面上设多个窗帘盒时，应拉通线找平	窗帘盒高度一致

3 / 安装工程

3.1 建筑给排水及采暖工程

编号	分部分项工程	通病现象及描述	原因分析	预防措施及标准做法	规范图片
3.1.1	给水管道及配件	穿墙套管设置不规范：穿墙/楼板管道未设置或未按规范设置穿墙（板）套管，同部位套管高低参差不齐，套管与管道中心偏差较大，套管与管道之间没有进行封堵	（1）缺乏对相关规范的了解，施工前的各项工作准备中，未考虑到管道穿越楼板或墙体套管设置问题。	（1）严格执行 GB 50242—2002《建筑给水排水及采暖工程施工质量验收规范》要求：安装在楼板内的套管，其顶部应高出装饰地面 20mm；安装在卫生间及厨房内的套管，其顶部应高出装饰地面 50mm；同部位有多根管道，其套管高出装饰地面的高度应一致。	屋面面层 水泥砂浆阻水固浆 隔热或保温层 钢筋混凝土楼板 钢制套管 50 止水翼环 防水填料 设置穿墙（板）套管

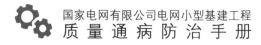

编号	分部分项工程	通病现象及描述	原因分析	预防措施及标准做法	规范图片
3.1.1	给水管道及配件		（2）土建与安装配合不到位，墙体施工时预留套管出现移位、遗漏情况	（2）在土建墙体施工前，安装单位及时提供墙体留洞图。提前对管井进行管道综合排布，确定套管规格、数量及安装位置。认真检查管道穿越楼板或墙体是否漏设套管。 （3）套管安装时定位准确、固定牢靠，保证与管道中心一致。 （4）管道安装完毕，管道与套管之间应及时采用不燃材料进行封堵填实，如石棉水泥、防火泥或防水油膏封堵，端面应光滑	

续表

编号	分部分项工程	通病现象及描述	原因分析	预防措施及标准做法	规范图片
3.1.2	给水管道及配件	管道标识不规范：管道安装完成后未进行管道的介质、流向标识或混乱	（1）设计图纸未说明。 （2）技术交底不到位，未从整个工程的角度出发，对各个系统管道的标识颜色、尺寸等进行详细交底。 （3）对各系统的介质、流向标识未能进行统一考虑。 （4）竣工验收前的检查不够仔细	（1）设计图纸应明确管道标识及做法。 （2）针对管道标识，需要对各专业、各系统管道标识的颜色、规格进行统一的规划、交底。 （3）竣工前对各系统管线的标识进行仔细检查，发现有个别漏做的及时安排补上	管道回路标识清楚 管道流向标识清晰

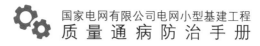

续表

编号	分部分项工程	通病现象及描述	原因分析	预防措施及标准做法	规范图片
3.1.3	排水管道及配件	排水管坡度不规范：排水管道坡度不符合设计要求，甚至局部有倒坡现象	（1）施工前针对各系统管线的坡度等情况未进行详细交底。 （2）对各系统管线、走向以及管线交叉情况未进行预排。 （3）施工人员未对排水管坡度情况进行详细测量。 （4）管道不顺直	（1）对各类管道安装进行详细技术交底，明确坡度（应明确具体数值），同时标明坡向。 （2）施工应采用BIM技术或其他方式对管线排布进行预排，对管道布置进行优化。 （3）施工过程中应严格按照水平标高控制线（点）确定管道（支架）安装高度，不应以结构梁底、结构地板或建筑地面作为控制标高。并加强测量和过程检查。 （4）管道安装前应调直，禁止将不顺直的管道直接进行安装	管道坡度均匀 管道坡向正确

编号	分部分项工程	通病现象及描述	原因分析	预防措施及标准做法	规范图片
3.1.4	排水管道及配件	伸缩节设置不规范：塑料排水立管、横管未按规范要求设置伸缩节 无伸缩节	（1）设计未详细明确伸缩节设置。 （2）排水立管、横管施工时未按照设计和相关规范进行施工	（1）设计图纸应对伸缩节设置做出规定。 （2）塑料排水立管、横管伸缩节设置，严格执行设计图纸和 GB 50242—2002《建筑给水排水及采暖工程施工质量验收规范》的要求。设计无要求时，每 4m 应设置一个伸缩节，还应按 CJJ 29—1998《建筑排水硬聚氯乙烯管道工程技术规程》的要求，横支管、横干管、器具通气管、环形通气管和汇合通气管上无汇合管件的直线管段长度大于 2m 时，应设置伸缩节。伸缩节宜设置在汇合配件处	管道伸缩节

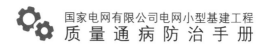
续表

编号	分部分项工程	通病现象及描述	原因分析	预防措施及标准做法	规范图片
3.1.5	排水管道及配件	管根渗漏：排水管道管根处吊模质量差，造成管根渗漏 吊模质量，易渗漏差 管根处渗漏	（1）设计图未对套管设止水带做要求。 （2）吊模封堵由安装人员施工，未由封堵专业人员进行吊模封堵，造成封堵质量差，管根处产生渗漏	（1）设计图纸应明确套管止水设置要求。 （2）由封堵专业人员进行吊模施工，并应用定型管道吊模工具进行施工提高施工质量标准	 吊模密实平整

续表

编号	分部分项工程	通病现象及描述	原因分析	预防措施及标准做法	规范图片
3.1.6	排水管道及配件	检查口设置不规范：排水管道未规范设置检查口	技术交底不到位，未按施工及验收规范要求施工	铸铁排水立管上检查口之间的距离不宜大于10m，塑料排水立管宜每六层设置一个检查口。但在建筑物最低层和设有卫生器具的两层以上建筑物的最高层，应设置检查口，当立管水平拐弯或有乙字管时，在该层立管拐弯处和乙字管的上部应设检查口	离地1m处设检查口

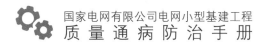

续表

编号	分部分项工程	通病现象及描述	原因分析	预防措施及标准做法	规范图片
3.1.7	雨水管道及配件	雨水直排：雨水管靠近地面的出水口，未设置弯头，雨水直排下地	（1）施工不当，现场人员管理不到位。 （2）对规范做法不清楚，端部未设置消力装置	（1）按照 GB 50242—2002《建筑给水排水及采暖工程施工质量验收规范》进行技术交底，掌握规范做法，设置雨水管出水口弯头和消力装置。 （2）屋面排水受水冲刷的部位应加铺一层卷材，并应设40~50mm厚、300~500mm宽的 C20 细石混凝土保护层，落水管下应加设水簸箕	雨水管设置弯头和水簸箕

续表

编号	分部分项工程	通病现象及描述	原因分析	预防措施及标准做法	规范图片
3.1.8	采暖管道及配件	采暖干管甩口不准：采暖干管的立管甩口距墙尺寸不一致，造成连接支管倾斜，影响工程质量 	（1）测量管道甩口尺寸时，使用工具不当，误差大。 （2）技术交底不到位，没有针对干管甩口部位进行详细的交底。 （3）土建施工时，墙体轴线偏差大	（1）干管甩口尺寸测量时，选用合适的工具，减少由于测量工具造成的误差。 （2）做好技术交底工作，尤其针对干管甩口部位等进行详细交底。 （3）测量时既要考虑图纸的设计尺寸，又要参考土建墙体的实际轴线偏差情况	 甩口位置正确 暖气支管顺直、美观

图示：供水（汽）方向　1%　90°　300　90°　顶棚　100　闸阀或截止阀　汽（四层以上）水（五层以上）

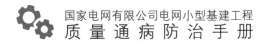

国家电网有限公司电网小型基建工程
质量通病防治手册

续表

编号	分部分项工程	通病现象及描述	原因分析	预防措施及标准做法	规范图片
3.1.9	采暖管道及配件	阀门安装位置不合理：阀门安装位置不便操作和维修，影响使用；阀门方向装反、倒装、手轮朝下	（1）安装前的技术交底不够详细，未对管道密集区域的各系统阀门安装位置、方向等进行针对交底。 （2）对机房、走廊等管道、阀门比较密集区域，在施工前未进行管道综合深化设计	（1）安装前进行针对性技术交底。 （2）进行深化设计并规范安装：根据阀体上的流向箭头进行安装，不得装反。对夹蝶阀阀门的两侧应增设法兰短管。阀门安装后尽可能便于操作维修，同时考虑到组装外形的美观。阀门体型较大、重量较重或者管道无法承受阀门重量的地方，在阀门处单独设置支架，用于支撑阀门。安装阀门法兰时，法兰间的端面要平行，不得使用双垫，紧螺栓时也要对称进行，用力要均匀。阀门安装后，应对其进行常开或者常关标识	阀门位置便于操作

续表

编号	分部分项工程	通病现象及描述	原因分析	预防措施及标准做法	规范图片
3.1.10	采暖管道及配件	采暖管道锈蚀：管道／固定支架防腐不到位，返锈严重 	对采暖管道安装施工工艺要求不明确，焊接钢管基层除锈工作处理不到位，防锈漆涂刷不均匀或是涂刷遍数未按工艺要求进行	采暖管道施工前，做好施工技术交底，明确施工工艺，管道除锈、防腐处理工作要坚持"样板先行"制度，做好施工技术交底，对管道除锈后，应立即进行防腐处理	支架防腐处理

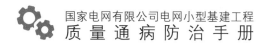

国家电网有限公司电网小型基建工程
质量通病防治手册

续表

编号	分部分项工程	通病现象及描述	原因分析	预防措施及标准做法	规范图片
3.1.11	采暖管道及配件	采暖干管的支、托架失效：管道的固定支架与活动支架不能相应地起到固定、滑动管道的作用，影响暖气管道的合理伸缩，导致管道或支、托架损坏	（1）固定支架没有按规定焊装挡板。 （2）支架类型选用混淆，安装方法不当	（1）固定支架应按规定焊装止动板，阻止管道不应有的滑动。 （2）按规定选用活动支架或固定支架，规范安装	固定支架

144

3.2 建筑电气工程

编号	分部分项工程	通病现象及描述	原因分析	预防措施及标准做法	规范图片
3.2.1	成套配电柜（箱）、控制柜安装	配电箱内配线混乱：照明配电箱（板）内线路交叉凌乱 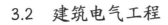	（1）操作工人未对箱内所有线路进行统一规划、布置。 （2）未执行"样板先行"制度，施工前未做配电箱配线样板。 （3）成品保护不到位，造成箱内系统图、二次接线图等丢失或损毁	（1）施工前根据箱内回路情况，对其线缆走向、位置进行预先规划；或在箱内增加线槽，避免配线混乱。 （2）施工前先行做好配电箱配线样板，明确接线顺序、布线方法，做到标准布线并推广执行。 （3）加强成品保护，柜内标识图、产品说明书等齐全	箱内配线整齐

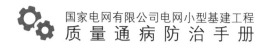

国家电网有限公司电网小型基建工程
质量通病防治手册

编号	分部分项工程	通病现象及描述	原因分析	预防措施及标准做法	规范图片
3.2.2	成套配电柜（箱）、控制柜安装	配电箱门未接地：装有电器的配电箱可开门，未接地或接地不可靠，无标识	（1）配电箱加工订货时，对其技术要求不明确，没有提出明确要求，或生产单位技术实力差，不清楚相关技术规范要求，而造成漏做。（2）设备进场验收时检查不严，造成箱门未做接地的配电箱得以进场安装	（1）配电箱加工订货明确相关规范和技术要求。箱柜装有电器的门及框架须用软铜线可靠接地并做标识牌。配电箱门的接地端子间应选用截面积不小于 $4mm^2$ 的黄绿色绝缘铜芯软导线连接并标识。（2）落实设备进场开箱检查验收要求。落地式箱柜基础槽钢必须和 PE、PEN 可靠焊接或压接	箱门接地可靠

编号	分部分项工程	通病现象及描述	原因分析	预防措施及标准做法	规范图片
3.2.3	成套配电柜（箱）、控制柜安装	电缆回路无标识牌：电缆在配电的起点、终点及分支处未挂牌，电缆去向不明确	（1）技术交底要求不到位，未针对工程特点对电缆标识牌的悬挂位置、数量提出明确要求。（2）施工人员责任心差，电缆施工完成后未及时悬挂标识牌	（1）电缆敷设前进行技术交底，要求施工时同步悬挂电缆标识牌。（2）施工过程应及时加挂标识牌，避免后期出现混乱的情况	标识齐全

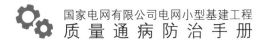

续表

编号	分部分项工程	通病现象及描述	原因分析	预防措施及标准做法	规范图片
3.2.4	成套配电柜（箱）、控制柜安装	桥架、线槽进柜末端接地不规范：没有与配电柜柜体（箱体）进行可靠电气连接，未与柜体进行跨接 未与柜体进行跨接	（1）未对桥架末端接地要求进行交底。 （2）对桥架末端接地规范要求不掌握	（1）施工管理人员要熟悉掌握正确做法，做好施工技术交底工作。 （2）金属梯架、托盘或槽盒本体之间的连接应牢固可靠，与保护导体的连接应符合下列规定：梯架、托盘和槽盒全长不大于30m时，不应少于2处与保护导体可靠连接；全长大于30m时，每隔20~30m应增加一个连接点，起始端和终点端均应可靠接地；非镀锌梯架、托盘和槽盒本体之间连接板的两端应跨接铜芯接地线，接地线的截面积应符合设计要求。镀锌梯架、托盘和槽盒本体之间不跨接接地线，但连接板每端不应少于2个有防松螺帽或防松垫圈的连接固定螺栓	规范连接

续表

编号	分部分项工程	通病现象及描述	原因分析	预防措施及标准做法	规范图片
3.2.5	电缆敷设、电缆桥架、导管安装	电气导管缺陷：管内有铁屑等杂物，管口有毛刺；管口套丝乱扣；管口插入箱盒内长度不一致；弯曲半径太小，有扁裂现象	（1）断管未用钢锯或专用断管器，断口后未扫口。 （2）管口套丝时没有按照规格、标准调整绞板的刻度盘；板牙掉齿、缺乏润滑油；一次性套丝完成。	（1）断管时采用钢锯或专用断管器，套丝前对管口进行清理，用专用扫口器或手钳、锉刀等进行扫口。绝缘导线穿管前，应清除管内杂物和积水，绝缘导线穿入导管的管口在穿线前应装设护线口。 （2）管口套丝需两道成型，板牙刀口锋利，刀口深度适中，润滑剂能充分冷却、润滑。 （3）管道下料准确，丝扣长度保持一致，箱、盒内外均需安装锁母，箱、盒内管口露丝2~3丝。	导管弯曲半径合理

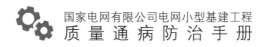

续表

编号	分部分项工程	通病现象及描述	原因分析	预防措施及标准做法	规范图片
3.2.5	电缆敷设、电缆桥架、导管安装		（3）进入箱、盒时管道下料不准确。 （4）管道弯曲时未使用与管径配套的弯管器	（4）弯管前先确定弯管区域，确保弯管位置及弯曲半径。导管的弯曲半径应符合下列规定： 明配导管的弯曲半径不宜小于管外径的6倍，当两个接线盒间只有一个弯曲时，其弯曲半径不宜小于管外径的4倍；埋设于混凝土内的导管弯曲半径不宜小于管外径的6倍，当直埋于地下时，其弯曲半径不宜小于管外径的10倍；电缆导管的弯曲半径不应小于电缆最小允许弯曲半径，电缆最小允许弯曲半径应符合 GB 50303—2015《建筑电气工程施工质量验收规范》的规定	内外均有锁紧螺母，外露丝扣为2~4扣 导管入箱长度规范

编号	分部分项工程	通病现象及描述	原因分析	预防措施及标准做法	规范图片
3.2.6	电缆敷设、电缆桥架、导管安装	导管接地不规范：明配导管接地漏做成与桥架相连接的导管接地不可靠	（1）对导管两端接地做法不明确。（2）对明配导管与桥架连接时接地跨接线做法不明确。（3）对接地线截面积要求不明确	（1）镀锌钢导管、可弯曲金属导管和金属柔性导管连接处的两端以专用接地卡固定跨接接地线，不得熔焊。（2）金属导管与金属梯架、托盘连接时，镀锌材质的连接端以专用接地卡固定保护联结导体，非镀锌材质的采用螺纹连接时，连接处两端焊跨接接地线。（3）以专用接地卡固定的跨接接地线应为铜芯软导线，截面积不应小于 $4mm^2$，以熔焊焊接的跨接接地线宜为圆钢，直径不应小于 $6mm^2$，其搭接长度应为圆钢直径的6倍	导管接地齐全 导管接地可靠

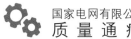

编号	分部分项工程	通病现象及描述	原因分析	预防措施及标准做法	规范图片
3.2.7	电缆敷设、电缆桥架、导管安装	导线接头缺陷：导线接头处不符合要求，未搪锡，接触不良易发热	（1）技术交底不全面，没有对导线并头形式、缠绕圈数等做针对性的做法交底。 （2）施工人员技术水平差，没有掌握导线并头的做法即进行施工作业	（1）截面积在 2.5mm² 及以下的多芯铜芯线应接续端子或拧紧搪锡后再与设备或器具的端子连接；截面积大于 2.5mm² 的多芯铜芯线，除设备自带插接式端子外，应接续端子后与设备或器具的端子连接；多芯铜芯线与插接式端子连接前，端部应拧紧搪锡；截面积 6mm² 及以下铜芯导线间的连接应采用导线连接器或缠绕搪锡连接。 （2）施工人员应持证上岗，选用熟练工人进行施工	导线接头做法规范

续表

编号	分部分项工程	通病现象及描述	原因分析	预防措施及标准做法	规范图片
3.2.8	电缆敷设、电缆桥架、导管安装	配线不规范：未按照施工规范要求的颜色进行配线，造成配线错误	（1）技术交底不到位。 （2）提报材料计划时未按照各回路相线、零线、地线的颜色要求进行，造成个别颜色的导线数量不够。 （3）施工人员对施工规范要求不了解或责任心不到位	（1）对所有配电箱的出线回路进行相线的分配核对，按照三相负荷基本均匀的原则进行配线（包括三相及单相）。 （2）提报材料计划时，材料计划应按照规范规定的导线颜色予以注明。 （3）施工前对导线的型号、规格、颜色及用于何处进行细化形成表格并交底	导线规范颜色 插座内导线颜色标准

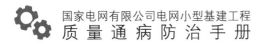
续表

编号	分部分项工程	通病现象及描述	原因分析	预防措施及标准做法	规范图片
3.2.9	电缆敷设、电缆桥架、导管安装	桥架内电缆杂乱：桥架内电缆敷设没有分层进行，杂乱无序	（1）电缆敷设前未对桥架内的电缆、导线数量进行核算。 （2）桥架弯头、三通、四通等转角尺寸不合适，造成电缆堆积。 （3）电缆敷设时未分层敷设、分层固定	（1）对于每根桥架内的电缆容积量必须进行复核，电缆截面积控制在桥架截面的40%左右。 （2）桥架在订货时水平弯头、垂直弯头、三通、四通等必须是45°转角，以免在放电缆时转弯位置堆积。 （3）吊架内电缆敷设前要对桥架内电缆排列，形成排列图，按规定分层敷设固定	电缆排列有序

续表

编号	分部分项工程	通病现象及描述	原因分析	预防措施及标准做法	规范图片
3.2.10	灯具、开关、插座安装	灯具等末端器具安装观感差：成排成行器具，安装不整齐	（1）安装前未对顶棚上安装的灯具等末端器具进行统一布置。 （2）与装饰单位配合开孔时交底不清，造成开孔不整齐。 （3）协调不够，各专业各自定位开孔位置、间距等，造成间距不统一，观感差	（1）灯具安装时吊杆长度必须保持一致，吊杆保持垂直向下，不得歪斜；吊链安装时，灯具两端吊链长度保持一致，保证灯具安装水平。 （2）无吊顶部位预埋灯位盒时必须弹线，保证成排、成行灯具的灯位盒在一条直线上。 （3）对各专业末端器具密集的区域进行深化设计，确定灯具及其他器具的具体安装位置、间距等	 灯具安装成排、整齐 灯具布局合理、美观

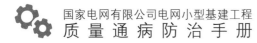

续表

编号	分部分项工程	通病现象及描述	原因分析	预防措施及标准做法	规范图片
3.2.11	灯具、开关、插座安装	预埋尺寸错误：开关、插座间距、标高不一致，面板与墙面不服贴	（1）技术交底不详细、不准确。 （2）施工前未进行深化设计，对其进行统一布置。 （3）预留预埋时对标高、位置尺寸控制错误。 （4）施工过程中监督、检查不够	（1）施工前技术交底要准确、全面。 （2）对开关、插座比较集中的区域进行深化设计，注明每个开关、插座安装的具体位置及标高。 （3）预留预埋阶段对开关、插座接线盒标高必须进行控制，严禁直接用卷尺从楼板上量尺寸。 （4）施工过程中加强检查监督，施工完毕需做好成品保护	间距合理美观 下口平齐

3.3　消防工程

编号	分部分项工程	通病现象及描述	原因分析	预防措施及标准做法	规范图片
3.3.1	消火栓系统	管道未按要求设置补偿装置：管道横穿建筑变形缝未做技术处理	（1）未对管道横穿建筑变形缝的处理做好技术交底，未按照要求增加补偿装置。 （2）施工人员对施工规范、图集等掌握不够，未安装补偿器	（1）根据图纸做好技术交底，穿越变形缝的管道应明确安装补偿器的规格、参数等。 （2）水压试验时，对装有补偿器管路端部的固定支架进行加固，使管路不发生移动或转动。管道安装完毕后，拆除波纹补偿器上用作安装运输的辅助构件，并按设计要求将限位装置调到规定位置，使管道在环境条件下有充分的补偿能力	变形缝处安装补偿装置

157

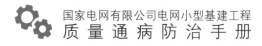

续表

编号	分部分项工程	通病现象及描述	原因分析	预防措施及标准做法	规范图片
3.3.2	消火栓系统	消火栓安装不规范：管道进箱未封堵，消火栓在门轴侧，消火栓箱门设置不合理 >140mm，管道进箱未封堵	（1）对规范要求不明确，消火栓管道横管下料尺寸不准确，管道进箱处未封堵。 （2）管道安装时没有明确施工图纸的要求，消火栓设在门轴一侧。 （3）管道位置不合理，安装在楼梯间、电梯间的消火栓箱门开启角度小或妨碍逃生通道的通行。 （4）在消火栓箱订货时疏忽大意，未考虑门扇的开启方向	（1）熟悉规范，做好施工技术交底，明确规范中箱式消火栓的安装要求及管道进箱处的封堵措施。 （2）在满足功能的前提下，调整门的开启方向，使消火栓和门轴不在同侧，保证"开门见栓"。 （3）根据《消火栓箱》要求，调整消火栓箱安装的位置，保证"箱门的开启角度不得小于160°"，无法满足时应与设计沟通，适当调整消火栓箱安装部位。 （4）采购消火栓箱时，注意门扇开启的方向	消火栓规范安装

续表

编号	分部分项工程	通病现象及描述	原因分析	预防措施及标准做法	规范图片
3.3.3	消防喷淋系统	设备与吊顶表面衔接不好：自动喷淋头和烟感探头等设备安装时与吊顶表面衔接不吻合、不严密	（1）设备专业与装饰专业施工配合欠妥，导致施工安装后衔接不好。 （2）安装中出现水管位置不准、长短不一，喷淋头不能与吊顶面很好的吻合。 （3）未区分大小孔，未准确定位，随意开洞开孔	（1）施工中设备专业与装饰专业应相互配合，采取合理的施工顺序。 （2）自动喷淋系统的水管预留长度应准确，吊顶与消防设备安装标高统一控制。 （3）如果孔洞较大，其孔洞位置应先由设备工种确定准确，吊顶在其部位断开。也可先安装设备，然后再封吊顶。回风口等较大孔洞，一般可先将回风口固定，这样做既保证位置准确，也易收口。对于小孔洞，宜采用后开洞做法，这样不仅便于吊顶施工，同时还能保证孔洞位置准确。开洞时应先拉通线，确定位置后，再用开孔器或曲线锯开洞	 喷淋装置规范安装

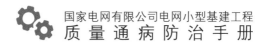

续表

编号	分部分项工程	通病现象及描述	原因分析	预防措施及标准做法	规范图片
3.3.4	消防报警系统	布线不规范：通信和报警线路未穿金属保护管，不同防火分区的线缆穿入同一根管内，传输线路未选择不同颜色的绝缘导线	（1）施工人员专业性不强，不具有消防施工经验。（2）安装管线施工时，未考虑消防系统的布线要求。（3）偷工减料，未考虑后期维护工作	（1）增强施工人员责任心，消防报警施工应由具有相应资质的消防专业队伍实施。（2）火灾自动报警系统传输线路采用绝缘导线时，应采取金属管、封闭式金属线槽等保护方式进行布线。通信和警报线路应穿金属保护管，并应暗敷在非燃烧体内，保护层厚度不小于30mm。如果必须明敷，应在金属管上采取防火保护措施，横向敷设的报警系统传输线路布管时，应做到不同分区，不同防火分区的线路不能穿入同一根管内。（3）同一消防报警工程中相同线别的绝缘导线颜色一致，接线端子应有标号。探测器的正线为红色，负线为蓝色	规范布线

3.4 空调通风工程

编号	分部分项工程	通病现象及描述	原因分析	预防措施及标准做法	规范图片
3.4.1	空调主机、冷却塔安装	基础与设备不吻合：风机基础与风机设备选型错乱，规格尺寸不相互匹配 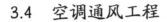	（1）未能提前组织专业分包设备选型提交设计单位，导致基础施工与设备不匹配。 （2）设备安装前，未组织设备基础交接验收，专业分包设备进场直接进行安装。 （3）基础施工留孔及埋件错误	（1）提前将设备选型参数资料提交设计单位。 （2）设备就位前应对基础进行验收，合格后方能安装。 （3）在基础施工前应组织各相关专业对设计的基础图纸进行核对确认，按设备选型参数的基础图纸进行施工	设备与基础吻合

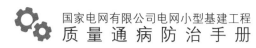
续表

编号	分部分项工程	通病现象及描述	原因分析	预防措施及标准做法	规范图片
3.4.2	空调主机、冷却塔安装	风机减震器安装不规范：未安装、选型错误或安装偏斜 	（1）选用的减震器与风机重量不匹配。 （2）未按设备重心为中心均匀布置减震器。 （3）对设备安装工艺标准要求不明确	（1）严格执行 GB 50243—2016《通风与空调工程施工质量验收规范》规定，安装隔振器的地面应平整，各组隔振器承受荷载的压缩量均匀，高度误差应小于 2mm。减震器应根据设备的重量，选择相匹配的减震器。 （2）风机落地安装时，减震器固定前，应以设备重心为中心，四周均匀分布设置。然后用尺测量，不断调整，直至达到标准。 （3）风机吊装时，首先确定风机的中垂线，与前后连接风管的中心成一直线。然后根据风机的四个吊点，确定和安装减振吊架。吊架的吊杆必须保证其垂直度，使之受力均匀。吊架制作、固定、安装应牢固，焊缝应饱满	 减震器

编号	分部分项工程	通病现象及描述	原因分析	预防措施及标准做法	规范图片
3.4.3	空调管道、新风管道安装	风管加工缺陷：风管翻边不足、不均匀、不平整，法兰与风管轴线不垂直，法兰接口处不严密	（1）技术交底不详细，应针对角钢法兰风管的铁皮翻边尺寸、要求等进行详细交底。 （2）下料过程中未严格控制偏差。 （3）严格执行样板引路制度不到位	（1）为保证管件的质量，防止管件制成后出现扭曲、翘角和管端不平整现象，在展开下料过程中应对矩形风管严格进行角方。 （2）法兰的内边尺寸正偏差过大，同时风管的外边尺寸负偏差也过大，应更换法兰；在特殊情况下可采取加衬套管的方法补救。 （3）风管在套入法兰前，按规定的翻边尺寸严格角方无误后，方可进行铆接翻边	风管翻边宽度均匀合理 风管法兰接口处严密

续表

编号	分部分项工程	通病现象及描述	原因分析	预防措施及标准做法	规范图片
3.4.4	空调管道、新风管道安装	薄钢板矩形风管的刚度不够：风管的大边上下有不同程度的下沉，两侧面小边稍向外凸出，有明显的变形	（1）制作风管的钢板厚度不符合施工及验收规范的要求。 （2）咬口的形式选择不当。 （3）对超过一定尺寸的风管未采取相对应的加固措施	（1）风管的钢板厚度，遵守现行的有关规范规定；同时加强原材料的进场控制。 （2）风管的咬口形式，除采用单平咬口外，其他各板边咬口应根据所使用的不同系统风管采用按扣式咬口、联合角咬口及转角咬口等，使咬口缝设在四角部位，以增大风管的刚度。 （3）风管边长大于或等于630mm，其管段长度大于1200mm时，均应采取加固措施。当中压和高压风管的管段长度大于1200mm时，应采用加固框的方法加固。风管加固形式可采用楞筋、立筋、角钢、加固筋和管内支撑等	风管表面平整 风管刚度合适

编号	分部分项工程	通病现象及描述	原因分析	预防措施及标准做法	规范图片
3.4.5	空调管道、新风管道安装	薄钢板矩形弯头角度不准确：弯头的表面不平，管口对角线不相等，咬口不严	（1）弯头的侧壁、背、里片料尺寸测量不准确。 （2）两个大片下料时未严格角方。 （3）弯头背和弯头里的弧度不准确。 （4）采用手工进行联合角型咬口，咬口部位的宽度不相等	（1）弯头的展开侧壁展开以内弧半径和外弧半径画线，其展开宽度应加折边咬口的留量；防止法兰套在圆弧上，其展开长度应另外留出法兰角钢的宽度和翻边量。 （2）两个大片展开下料后，应对片料的两端严格角方。 （3）弯头的背、里展开下料后，片料在卷板机上卷弧时，必须控制弧度的准确性。 （4）手工进行联合角咬口时，必须按照预留的余量进行操作，严格掌握咬口的宽度，并沿全长保持宽度相等，以保证弯头的外形尺寸	弯头表面平整 管口规整，咬口严密

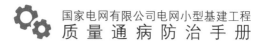

续表

编号	分部分项工程	通病现象及描述	原因分析	预防措施及标准做法	规范图片
3.4.6	空调管道、新风管道安装	法兰铆接后风管不严密：铆接不严，风管表面不平，漏风量过大	（1）铆钉间距大，造成风管表面不平。 （2）铆钉直径小，长度短，与钉孔配合不紧，使铆钉松动，铆合不严。 （3）风管在法兰上的翻边量不够。 （4）风管翻边四角开裂或四角咬口重叠	（1）一般风管铆接的铆钉间距不应大于120mm，对于洁净等级为1~5级的不应大于65mm，为6~9级的不应大于100mm。 （2）选用长度合适的铆钉，铆钉直径与铆钉孔大小应匹配。 （3）根据施工质量验收规范要求，风管翻边必须平整，紧贴法兰，其宽度应一致，且不得小于6mm。 （4）风管咬缝与四角不应有开裂与孔洞，如出现开裂或孔洞，可采用密封胶封堵	风管表面平整 风管接口铆接严密

编号	分部分项工程	通病现象及描述	原因分析	预防措施及标准做法	规范图片
3.4.7	空调管道、新风管道安装	无机风管制作偏差：无机玻璃钢风管、复合玻镁风管、玻璃棉风管的制作偏差超标	（1）无机玻璃钢加工工艺落后，模具简单，基本处于手工糊制，烦琐的手工操作经常造成木模尺寸变形、涂抹厚度不匀、形成整形外观掌握不好等缺陷。 （2）风管制作、加工过程中，对风管尺寸的控制不严，造成偏差超标。 （3）玻璃钢风管、配件尺寸偏差超标，影响使用质量	（1）经常检查和整修木模，确保木模外观尺寸，定期修正木模，使其控制在允许偏差范围内。 （2）采用无碱脱蜡玻璃布；玻璃布交错铺放，避免出现皱褶，涂抹无机涂料的厚度要均匀。 （3）掌握好固化卸模时间和控制好环境温度的变化，达到固化度95%以后脱模为宜	 表面平整

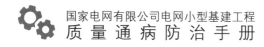

续表

编号	分部分项工程	通病现象及描述	原因分析	预防措施及标准做法	规范图片
3.4.8	空调管道、新风管道安装	弯头不按要求设导流片：平面边长大于或等于500mm的矩形弯管（头）内不设导流片或少设导流片会使系统气流不畅，局部形成紊流、摩擦阻力增加、加大机外余压的损失	（1）技术交底不够全面，没有针对这部分风管提出要求。（2）加工人员未按要求在弯头处设置导流片。（3）成品、半成品进场验收把关不严	（1）对加工工人进行细致交底，特殊要求的风管进行特别交代。（2）可采取先制作样板，合格后再大量展开加工的方式。（3）加强过程验收及成品、半成品的进场验收，对未按要求设置导流片的弯头严禁进场、安装	弯头规范设置 内外同心弧型 内弧外直角型 内斜线外直角型 内外直角型 弯头按要求设置导流片

编号	分部分项工程	通病现象及描述	原因分析	预防措施及标准做法	规范图片
3.4.9	空调管道、新风管道安装	风管尺寸错误：风管宽高比选用错误	（1）设计一味追求高度，随意设计或任意扩大风管的宽高比，忽略功能。 （2）未严格执行规范要求，在参数计算、风管选型时未按照风管系列选型表进行选择风管的尺寸。 （3）未进行过程检查	（1）通风空调工程按设计标准和施工验收规范进行，并按照通风空调工程施工验收规范风管系列表选取。 （2）风管的制作应按全国风管系列表选编的规格进行，宜采用圆形或长、短边之比不大于4的矩形截面，其最大长、短边之比不应超过10。 （3）各专业加强协调，加强检查	风管宽高比符合要求 风管宽高比符合要求

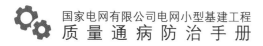
续表

编号	分部分项工程	通病现象及描述	原因分析	预防措施及标准做法	规范图片
3.4.10	空调管道、新风管道安装	风管柔性短管异常：风管柔性短管长度过长、安装成形后表面扭曲、塌陷、褶皱、不正、用柔性短管作为找正、找平的异径连接管使用	（1）未进行技术复核，未执行施工规范相关要求，致使柔性短管长度超标。（2）现场测量尺寸偏差太大，制作的柔性短管与现场不符，安装后不正、扭曲、塌陷、观感差	（1）设备与管路安装定位准确。管路制作安装分解图避免偏差，现场安装前进行尺寸复核，如有问题及时调整制作清单，现场避免强制安装。现场安装避免过紧或过松，中间留有一定伸缩量。（2）柔性短管应选用防腐、防潮、不透气、不易霉变的柔性材料。用于空调系统的应采取防止结露的措施；用于净化空调系统的还应是内壁光滑、不易产生尘埃的材料。（3）禁止将风管软连接作为天圆地方、变径管使用或作为设备末端接口追尾连接部件使用	表面无扭曲、塌陷皱褶 柔性短管长度合理

续表

编号	分部分项工程	通病现象及描述	原因分析	预防措施及标准做法	规范图片
3.4.11	空调管道、新风管道安装	防火阀安装错误：防火阀未设置单独支吊架，防火阀距墙表面大于200mm	（1）技术交底不详细，对施工规范掌握不到位，对交底内容落实不到位。 （2）风管加工时下料未考虑防火阀的安装位置等因素。 （3）施工单位对规范不熟悉，未安装单独支吊架	（1）安装前必须检查防火阀外观质量、控制性能和阀门动作，确认正常后再钻法兰连接孔。 （2）正确安装防火阀的方向位置，不得倒置。 （3）施工过程中加强检查，确保防火阀单独设置支吊架，防火阀距墙面距离不得大于200mm，发现不合适的及时安排整改。安装后应对防火阀清扫检查，阀体内不得有杂物，并进行操作试验，确保阀体正常工作	支吊架单独设置 固定圈40×40×4 吊架 风管 防火阀 非燃材料密封 穿墙管厚2mm 200 防火墙 检查口 吊顶 支吊架设置示意图

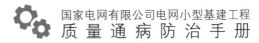

编号	分部分项工程	通病现象及描述	原因分析	预防措施及标准做法	规范图片
3.4.12	空调管道、新风管道安装	风管支架间距超标：风管支吊架间距过大，未设置防晃支架	（1）技术交底不详细。未明确各系统风管支架的安装间距要求，以及防晃要求等。 （2）未执行特殊风管支架间距要求。 （3）吊点锚固不牢固	（1）严格执行规范要求的风管支吊架的间距，螺旋风管的支吊架间距可为一般水平风管支吊架间距的1.25倍。主、干风管长度超过20m时，必须设置防晃支架，每个系统不应少于1个。 （2）特殊风管，如硬聚氯乙烯、无机玻璃钢风管、防火风管等其支吊架的间距可适量减少，或采用一般风管的0.7倍。 （3）根据吊点铆固螺栓直径的大小，正确使用钻头和控制钻孔深度，确保胀锚螺栓的钻孔直径	防晃支架设置合理 吊支架间距合理

编号	分部分项工程	通病现象及描述	原因分析	预防措施及标准做法	规范图片
3.4.13	空调管道、新风管道安装	风管未设套管：风管穿越防火隔墙或楼板处，未设预埋管或防护套管	（1）技术交底不够全面。未掌握风管穿越防火分区的防火封堵做法。 （2）穿墙风管套管安装工艺错误。 （3）施工过程中检查力度不够	（1）向作业人员对具体做法进行严格交底，并严格执行。 （2）现场提前施工穿墙风管套管样板，合格后参照执行。 （3）施工过程中应加强检查，发现问题及时补设，防护套管钢板厚度不足 1.6mm 时应拆除返工	套管内防火封堵密实 穿墙处设置套管

续表

编号	分部分项工程	通病现象及描述	原因分析	预防措施及标准做法	规范图片
3.4.14	空调管道、新风管道安装	管道堵塞：冷凝水管道安装倒坡或空调机组冷凝水管排水不畅或未按要求设置水封 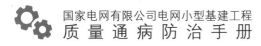	（1）冷凝水管施工时坡向、放坡错误。 （2）新风机组冷凝水管未设 U 形存水弯或 U 形存水弯高度不足。 （3）凝结水盘内杂物未清理干净，造成冷凝水管堵塞。 （4）凝结水管安装完成后未进行通水试验	（1）凝结水管施工前必须首先确定坡度，根据坡度计算水管安装标高、位置等。 （2）新风机组安装 U 形存水弯时，必须严格按照设备生产单位提供的技术要求施工。 （3）设备运转前必须对机组内外检查，杂物清理干净方可运行。 （4）凝结水管施工完成后，及时进行通水试验，确保排水通畅	初效过滤器　中效过滤器　表冷器　风机 室外空气　负压 集水盘　U形弯 机组水封高度合理

续表

编号	分部分项工程	通病现象及描述	原因分析	预防措施及标准做法	规范图片
3.4.15	空调管道、新风管道安装	木托稳固性差：隔热层木托固定不牢 	（1）技术交底不严，对隔热木托的安装施工人员不清楚。 （2）材料采购时把关不严，木托断裂、缺损，管卡与木托不配套。 （3）材料进场验收把关不严。 （4）施工过程中监督、检查力度不够	（1）进行详细技术交底，关于木托的固定方式、管卡的形式等提出明确要求。 （2）木托采购时，应根据水管规格、保温层厚度等参数进行提报计划，木托和管卡配套采购。 （3）材料进场验收时，严格把关，对断裂、缺损的木托予以退货、更换。 （4）施工过程中加强检查	管卡与木托配套

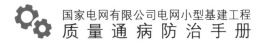

续表

编号	分部分项工程	通病现象及描述	原因分析	预防措施及标准做法	规范图片
3.4.16	空调管道、新风管道安装	管道保温不严密：水管保温不密实、有空隙，容易产生冷凝水	（1）技术交底不严。 （2）材料采购时把关不严，管卡与木托不配套，造成保温材料与木托之间有缝隙。 （3）选用的保温材料与管道规格不适合，致使保温材料与管道之间有空隙。 （4）保温材料接缝处胶开裂。 （5）施工过程中监督、检查力度不够	（1）进行详细技术交底，关于保温的厚度、规格、平整度、密实度等提出要求。 （2）保温材料进行安装前对其防火等级、品质等进行检查验收，合格后方可使用。 （3）保温施工时接缝处清理干净再涂刷胶水，刷胶水后几分钟再黏接。 （4）施工过程中加强检查，发现问题及时整改。 （5）施工完成后注意成品保护	保温材料规格配套 保温层接口连接紧密

编号	分部分项工程	通病现象及描述	原因分析	预防措施及标准做法	规范图片
3.4.17	空调管道、新风管道安装	风管保温层开裂：风管保温层采用黏结方法固定时，保温材料未紧密贴合，接合处有空隙，影响保温效果	（1）使用的黏结剂与保温材料不配套。 （2）施工前对风管表面灰尘未进行清理或清理不干净。 （3）施工人员在黏结涂刷过程中，涂刷不均匀或漏刷。 （4）保温层粘贴后，未进行包扎或捆扎	（1）风管制作安装时风管表面平整。 （2）保温之前将风管表面清理干净，若有灰尘以及土建污染物同样会出现黏结不牢靠。保温材料准确下料，切割整齐，黏结剂均匀涂抹在风管表面。 （3）面积较大的保温材料与风管贴合时应两人配合作业。 （4）矩形风管保温后若进行捆扎时应加设包角以防破坏保温材料	 保温材料平整、牢固 接缝处贴合紧密

续表

编号	分部分项工程	通病现象及描述	原因分析	预防措施及标准做法	规范图片
3.4.18	空调管道、新风管道安装	保温钉施工缺陷：保温钉连接不牢，易脱落，保温钉黏接杂乱，不均匀；保温成形后，表面松弛、有凹陷、平整度差；保温缝不严密，投入运行后，产生凝结水	（1）采购的保温钉黏结剂质量控制不到位。 （2）施工人员责任心差，保温钉黏接数量、位置未达到规范要求。 （3）黏保温钉时风管表面灰尘未清理干净。 （4）保温材料拼缝处，未用黏胶带封严	（1）风管保温材料下料应准确，切割面平齐，在裁料时应使水平、垂直面搭接处以短面两端顶在大面上。 （2）风管上尘土清理干净，黏结剂涂抹于管壁和保温钉后，稍等几秒钟再进行黏结。 （3）保温钉粘贴时要均匀分布，符合规范要求数量，保温钉粘贴后，等12~24h后再安装保温材料。 （4）岩棉外保温时对明管保温后在四角加上硬质包角，用玻璃丝布缠紧	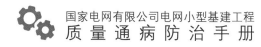 保温钉分布均匀

编号	分部分项工程	通病现象及描述	原因分析	预防措施及标准做法	规范图片
3.4.19	空调风机盘管及配件安装	风口安装错误：风口直接固定在吊顶顶棚上，颈部未与挂下管相接，或挂下管长度不足，未与风口相连；风口无挂下管，颈部直接伸入风管内；挂下管与风口颈部尺寸不匹配，缝隙过大	（1）挂下管直接固定在顶棚上，或将风口颈部伸入风管中，或伸入挂下管中未连接。 （2）风管与吊顶间的距离不准确，导致挂下管长度不足。 （3）风口与挂下短管连接时，螺栓或铆钉间距过大，有缝隙	（1）风口应与风管连接，不应漏装挂下管。 （2）应确定好顶棚水平线，准确测量挂下短管长度；应按风口颈部尺寸制作挂下管。 （3）风口与挂下短管连接的螺栓或铆钉间距小于规范要求，不得有缝隙，以免漏风	风口正确安装 风口与风管连接紧密

续表

编号	分部分项工程	通病现象及描述	原因分析	预防措施及标准做法	规范图片
3.4.20	空调风机盘管及配件安装	支架设置缺陷：风机盘管连接管未单独设置支架	施工质量意识薄弱，成品保护意识不强，技术交底不仔细，未在细节部分加以强调	风机盘管在接口处应单独设置支吊架，避免其他专业影响导致管道漏风和渗水	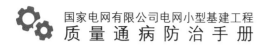支架规范做法

3.5 建筑智能化工程

编号	分部分项工程	通病现象及描述	原因分析	预防措施及标准做法	规范图片
3.5.1	安防监控及配件安装	成像捕捉画面差：成像效果角度不佳，捕捉画面畸变	（1）安装高度欠佳。 （2）安装角度欠佳。 （3）监控摄像机未固定牢固松动，造成捕捉画面改变	（1）合理安装摄像机位置，避免环境干扰。室内安装时高度不宜低于 2.5m，室外安装时高度宜 3.5m 以上。 （2）安装角度应合理，保证监控区域捕捉，对于无宽动态功能的普通摄像机，应避免直射光源。 （3）摄像机应固定牢固，避免松动	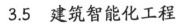 摄像机固定牢固

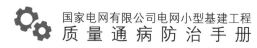

续表

编号	分部分项工程	通病现象及描述	原因分析	预防措施及标准做法	规范图片
3.5.2	安防监控及配件安装	摄像机防雷处理不规范：摄像机固定不牢，未做防水防雷处理，大风天画面存在抖动，雷雨天突然黑屏	（1）室外未使用支架，或使用抗风系数较小的支架。 （2）摄像机无防水防雷击处理，雷雨天造成损坏	（1）选用抗风系数大的室外专用支架。 （2）摄像机应做防水防雷电处理	选用室外专用支架 防水防雷电处理

3.6　电梯工程

编号	分部分项工程	通病现象及描述	原因分析	预防措施及标准做法	规范图片
3.6.1	电梯机房安装	曳引轮、垂直度差：两轮端面平行度差，使曳引绳与曳引轮、导向轮产生不均匀侧向磨损，引起曳引绳的振动，影响电梯乘坐的舒适感 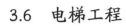	（1）未调整两轮垂直度。 （2）未调整两轮平行度	（1）根据曳引绳绕绳形式不同，按轿厢中心铅垂线与曳引轮的节圆直径铅垂线，调整曳引机安装位置；曳引机底座与基础底座中间用垫片调整，使曳引轮空载垂直度偏差在2mm以内，并有意向满载时曳引轮偏侧的反方向调整，使轿厢在满载时曳引轮的垂直度偏差在2mm以内。 （2）调整导向轮，使曳引轮与导向轮的不平行度不超过1mm（空载时）	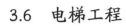调整两轮垂直度、平行度

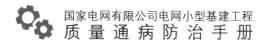

国家电网有限公司电网小型基建工程
质 量 通 病 防 治 手 册

续表

编号	分部分项工程	通病现象及描述	原因分析	预防措施及标准做法	规范图片
3.6.2	电梯机房安装	机房设备设置不合理：机房门向内开启，机房内无消防设施，夏天室内温度过高	（1）图纸设计不合理。 （2）漏放消防器材	（1）机房门必须改向外开启。 （2）机房内必须配备消防器材。 （3）机房内必须设置通风措施，防止温度过高，如空调、排气扇	设置通风措施 配备消防器材

184

编号	分部分项工程	通病现象及描述	原因分析	预防措施及标准做法	规范图片
3.6.3	电梯机房安装	吊环安装不规范：吊环直径未按图施工，未设置限吊标识	（1）未按设计图纸施工。 （2）规范标准掌握不全面	吊环采用 ϕ18 以上圆钢制作，外露部分保持垂直，高度为120mm，上口内空净宽100mm，限吊标识采用红色黑体字，高度统一为80mm	规范做法

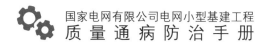
续表

编号	分部分项工程	通病现象及描述	原因分析	预防措施及标准做法	规范图片
3.6.4	电梯轿厢、井道设备安装	轿厢、层门精度差：定位不准、减振性差	（1）轿厢零部件及各种转动、传动部件不符合要求。 （2）底梁、立柱、上梁安装时水平度和垂直度偏差过大。 （3）轿厢底盘安装水平度不符合要求，固定不牢。 （4）导靴中心与安全中心不在同一垂线上，滚轮压簧力不相同。 （5）层门垂直度不符合要求	（1）轿厢零部件应完好无损，数量齐全，规格型号符合设计要求；各传动、转动部件应灵活、可靠，安全；组装应牢固、可靠，间隙均不应超出允许范围。 （2）减震垫的位置应放置准确、平稳，必须按设计要求选用材料，材料质量必须符合要求。 （3）限速器绳轮、钢带轮、导向轮等必须按设计要求选用。 （4）导向轮螺栓垫圈严禁使用普通垫圈，其材质必须按设计要求选用。 （5）轿门地坎横向、纵向水平度偏差及门套垂直度偏差都应小于1/1000mm	规范做法

续表

编号	分部分项工程	通病现象及描述	原因分析	预防措施及标准做法	规范图片
3.6.5	电梯轿厢、井道设备安装	轿厢导靴螺栓安装不规范：过于紧固，且水平度不够	（1）轿厢零部件及各种转动、传动部件不符合要求。 （2）底梁、立柱、上梁安装时水平度和垂直度偏差过大。 （3）轿厢底盘安装水平度不符合要求，固定不牢。 （4）导靴中心与安全中心不在同一垂线，滚轮压簧力不相同	（1）首先需将轿厢下梁安放于导轨中间，并初步校正水平度。 （2）拼装电梯轿厢立梁与轿厢上下梁时螺栓不紧固，将轿厢架需串的螺栓全部安上即可。 （3）轿顶轮安装后应将轿顶轮螺栓大螺母紧固并装好开口销。 （4）轿厢导靴螺栓无须紧固，确保其处于自由状态	轿厢拉条放上螺栓不能紧固 拼装轿架时上下导靴可不装 调整轿厢架自平衡时应把轿厢托架放上但螺栓不能紧 安全钳放上螺栓不能紧固 规范做法

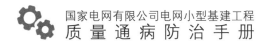

编号	分部分项工程	通病现象及描述	原因分析	预防措施及标准做法	规范图片
3.6.6	电梯轿厢、井道设备安装	轿厢不稳：电梯轿厢在运行过程中抖动或晃动	（1）导轨安装误差较大，导轨接口处不平。 （2）导轨支架松动或压轨道螺栓松动。 （3）各曳引绳张紧力不一致，曳引绳的松紧差异大。 （4）曳引机座固定不牢，有较大间隙。 （5）滚动导靴的滚轮磨损不均匀。 （6）曳引机速箱涡轮、蜗杆磨损严重，齿侧间隙过大	（1）导轨安装前后均需校轨，并确保垂直，导轨接口不平时及时更换导轨，或重新磨光修平接口处。 （2）螺栓松动，及时紧固螺母，如导轨支架整体松动，则重新预埋或焊接。 （3）重新调整各曳引绳受力并测量，使各绳拉力差不超过5%。 （4）曳引机座固定牢固。 （5）调整滚动导靴的滚轮，确保受力均匀。 （6）调整曳引机速箱涡轮、蜗杆齿合间隙到规定值	调整曳引绳受力

4 / 脚手架工程

编号	分部分项工程	通病现象及描述	原因分析	预防措施及标准做法	规范图片
4.1	构配件	构配件材料不合格：钢管锈蚀严重，部分钢管有孔洞、弯曲；扣件有裂纹材质差；脚手架钢管、扣件未经检测验收，直接投入使用	（1）材料进场验收制度不完善。 （2）材料进场投入使用前未除锈、未涂刷防锈油漆。 （3）材料在使用前未进行复检，即投入使用	（1）钢管、扣件等材料进场后，应对材料进行验收，钢管规格应为ϕ 48.3×3.6mm。 （2）扣件材质应符合GB 15831—2006《钢管脚手架扣件规范》规范规定，扣件螺栓拧紧扭力达到65N·m时不得发生破坏。 （3）钢管、扣件投入使用前，应在监理单位的见证下，对材料进行取样送检，检测合格后方可投入使用。 （4）钢管在投入使用前，必须进行除锈及涂刷防锈漆	 *材料验收并规范存放* *材料验收并规范存放*

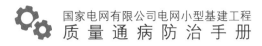
续表

编号	分部分项工程	通病现象及描述	原因分析	预防措施及标准做法	规范图片
4.2	架体基础	架体基础不达标：脚手架底部基础松软；立杆底部未设置底座；基础不在同一高度，出现高低差未采取加强措施	（1）搭设前方案编制人员/项目技术负责人未向搭设班组进行安全技术交底。 （2）脚手架底部回填土未夯实，无硬化。 （3）立杆底部未设置底座或者垫板。 （4）立杆基础不在同一高度，未采取相应措施	（1）脚手架基础应分层夯实后，并浇筑混凝土。 （2）立杆底部应设置木垫板，垫板板厚不应小于50mm，板宽不小于200mm，板长不小于两跨。 （3）脚手架立杆基础不在同一高度上时，必须将高处的纵向扫地杆向低处延长两跨与立杆固定，高低差不应大于1m。靠边坡上方的立杆轴线到边坡的距离不应小于500mm	立杆垫板、排水沟 高低跨处搭设示意

续表

编号	分部分项工程	通病现象及描述	原因分析	预防措施及标准做法	规范图片
4.3	扫地杆	扫地杆设置不规范：扫地杆缺失、距地面高度过大、搭设位置方式不符合要求	（1）纵（横）扫地杆设置缺失。 （2）扫地杆设置高度超出规范要求。 （3）横向扫地杆错误设置在纵向扫地杆上面。 （4）横向扫地杆未固定在立杆上	（1）脚手架必须设置纵、横向扫地杆。 （2）横向扫地杆应采用直角扣件固定在紧靠纵向扫地杆下方的立杆上。 （3）纵向扫地杆应采用直角扣件固定在距底座上皮不大于200mm处的立杆上。 （4）立杆基础不在同一高度上时，必须将高处的纵向扫地杆向低处延长两跨与立杆固定，高低差不应大于1m。靠边坡上方的立杆轴线到边坡的距离不应小于500mm	 纵向扫地杆搭设

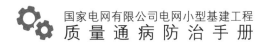

编号	分部分项工程	通病现象及描述	原因分析	预防措施及标准做法	规范图片
4.4	立杆	立杆设置不规范：立杆间距不符合设计要求，转角处立杆缺失，垂直度偏差过大，立杆悬空等	（1）立杆未按方案要求搭设。 （2）立杆接头位置未经受力计算，相邻立杆接头在同步内；未考虑同步内两相临接头高度错开要求；以及各接头中心至主节点距离要求。 （3）立杆垂直度未测量控制。 （4）立杆顶部少横杆，自由端过长	（1）应严格按方案要求搭设并加强过程监控。 （2）立杆应置于木垫板之上，离地面20cm处设置扫地杆，同时设置排水沟。 （3）立杆采用对接，纵向间距15m，偏差±50mm以内，偏差1/100立杆高度，且小于100mm。横向间距1.05m，步距1.8m。 （4）立杆同步内相隔接头高度错开不宜小于500mm；接头中心至主节点不大于步距1/3。 （5）立杆顶端设纵横两向封顶杆，并设水平剪刀撑	 立杆垫板 立杆布置

续表

编号	分部分项工程	通病现象及描述	原因分析	预防措施及标准做法	规范图片
4.5	水平杆	水平杆设置不规范：水平杆间距未按设计要求设置，水平杆缺失等 	（1）架体水平杆接头未进行受力计算。 （2）同步内相隔立杆两接头在高度方向错开距离未考虑规范要求。 （3）各接头中心至主节点的距离搭设随意，大于步距的1/3	（1）纵向水平杆应设置在立杆内侧，单根杆长度不应小于3跨。 （2）两根相邻纵向水平杆的接头不应设置在同步或同跨内，不同步或不同跨两个相邻接头在水平方向错开的距离不应小于500mm，各接头中心至最近主节点的距离不应大于纵距的1/3。 （3）搭接长度不应小于1m，应等间距设置3个旋转扣件进行固定；端部扣件盖板边缘至搭接纵向水平杆杆端的距离不应小于100mm	 水平杆布置 纵向水平杆布置示意图

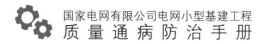

续表

编号	分部分项工程	通病现象及描述	原因分析	预防措施及标准做法	规范图片
4.6	连墙杆	连墙杆设置不规范：连墙杆缺失，连墙杆构件、连接位置不合格等	（1）连墙件缺失，无支撑或任意减少拉结点或支撑。 （2）连墙构件不合格，采用拉筋等柔性连接。 （3）连墙件无制作安装详图，受力设计不符合要求。 （4）连墙件随意拆除，在外墙粉刷作业时，存在擅自拆除连墙件现象	（1）脚手架连墙件设置位置、数量应按照专项施工方案设置。 （2）连墙件的设置应靠近主节点设置，偏离主节点的距离不应大于300mm。 （3）连墙件应从底层第一步纵向水平杆处开始设置，当该处设置有困难时，应采取其他可靠措施固定。 （4）开口型脚手架的两端必须设置连墙件，连墙件的垂直距离不应大于建筑物的层高，且不应大于4m。 （5）连墙件设置应符合设计要求，应与主体结构、架体可靠连接。 （6）施工过程中严禁擅自拆除连墙件	连墙杆布置 连墙杆布置示意图

续表

编号	分部分项工程	通病现象及描述	原因分析	预防措施及标准做法	规范图片
4.7	剪刀撑	剪刀撑设置不规范：纵向、横向和水平三向剪刀撑缺失、搭设不规范或承载力不符合设计要求	（1）未按规定设置纵向、横向、水平剪刀撑。 （2）剪刀撑未连续设置、接头搭接长度过少，纵横未设置、连接扣件数量不够。 （3）剪刀撑架体刚度、承载能力不符合设计要求。 （4）剪刀撑斜杆未与立杆及伸出横杆进行连接，底部斜杆的下端也未置于垫板上	（1）双排脚手架应设置剪刀撑与横向斜撑，一字型、开口型双排架两端口均必须设置横向斜撑。 （2）高度在24m及以上的双排脚手架应在外侧全立面连续设置剪刀撑；高度在24m及以下的单、双排脚手架，均应在外侧两端、转角及中间间隔不超过15cm的立面上，各设置一道剪刀撑，并由底至顶连续设置。 （3）每道剪刀撑应跨越立杆的根数要符合规定。与地面夹角为45°~60°，杆件接长采用搭接或对接，采用搭接时，搭接长度不小于1m，并应采用不少于3个旋转扣件固定；剪刀撑的两根斜杆与立杆或相近小横杆相连	剪刀撑规范搭设

195

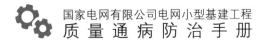

国家电网有限公司电网小型基建工程
质量通病防治手册

续表

编号	分部分项工程	通病现象及描述	原因分析	预防措施及标准做法	规范图片
4.8	脚手板	脚手板铺设不规范：作业层脚手板厚度不满足要求，木板悬挑或未连续满铺	（1）脚手板未按专项施工方案实施。（2）作业层脚手架未铺设脚手板或脚手板未满铺、铺实。（3）脚手板选材不合格。（4）悬挑空间未完全封闭	（1）作业层脚手板应铺满、铺稳、铺实，离墙面的距离不应大于150mm。（2）木脚手板应采用5cm厚，非脆性木材（如桦木等），无腐朽、劈裂。（3）作业层端部脚手板探头长度应小于150mm	脚手板铺设 脚手板铺设示意图 L—脚手板对接或搭接时长度 130~150 L≤300 ≥100 L≥200

196

编号	分部分项工程	通病现象及描述	原因分析	预防措施及标准做法	规范图片
4.9	扣件紧固	扣件松动：扣件松脱或拧紧力矩不符合规范要求	（1）搭设人员未将扣件螺栓拧紧到位。（2）搭设完成后未组织验收。（3）后期外力致架体扣件松动	（1）搭设人员在搭设中应使用扭力扳手进行搭设。（2）钢管应采用扣件连接，螺栓扭转力矩不应小于40N·m，且不应大于65N·m。（3）定期以及特殊天气后扣件进行全面检查	扭转力矩检查

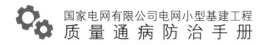

续表

编号	分部分项工程	通病现象及描述	原因分析	预防措施及标准做法	规范图片
4.10	安全防护	架体细部防护不到位：脚手架操作层与主楼间隔距离无防护措施	（1）安全技术交底不到位，造成疏漏。 （2）外墙施工过程，工人拆除且未及时恢复	（1）施工前严格按方案进行技术交底，交底应细致到位，作业层与主体结构间的空隙应设置安全防护平网。 （2）过程中确需拆除的，应在施工结束后立即恢复到位	细部防护到位

续表

编号	分部分项工程	通病现象及描述	原因分析	预防措施及标准做法	规范图片
4.11	悬挑梁	悬挑梁设置不规范：悬挑梁间距、锚固长度、截面高度不满足设计要求	（1）方案交底不到位或未严格按交底施工。 （2）材料进场未验收，材料规格不符合方案要求。 （3）悬挑型钢直接锚固于悬挑阳台。 （4）搭设过程中巡视检查不到位；搭设完成后未组织全面验收	（1）悬挑梁间距按悬挑立杆纵距设置，每一纵距设置一根。 （2）悬挑型钢不能直接锚固于悬挑阳台，锚固长度不应小于悬挑段长度的1.25倍。 （3）悬挑钢梁截面高度不应小于160mm，锚固型钢U形钢筋卡或锚固螺栓直径不小于16mm，悬挑架每层的悬挑高度不超过20m。 （4）用于锚固的U形钢筋卡或螺栓应采用冷弯成型。 （5）转角、阳台等特殊部位，应按方案合理设置，固定U形不少于3个，用木楔楔紧，设置防侧翻措施	 悬挑架搭设

续表

编号	分部分项工程	通病现象及描述	原因分析	预防措施及标准做法	规范图片
4.12	挑架底部封闭	悬挑脚手架底部封闭不到位：悬挑脚手架底部未封闭或有空隙	（1）工人意识淡薄，未按要求防护。 （2）被人为破坏。 （3）其他工序施工完成后无人恢复	（1）强化工人意识，悬挑架底部必须防护到位。 （2）加强过程巡检，制定相应管理制度，杜绝人为破坏。 （3）其他工序（如幕墙测量、埋件施工等）破坏后应确保及时进行恢复	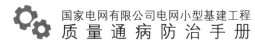 挑架底部封闭到位

编号	分部分项工程	通病现象及描述	原因分析	预防措施及标准做法	规范图片
4.13	井道水平防护	井道水平防护不规范：电梯井脚手架未设置水平安全网；电梯井脚手架施工层下一层井道内未设置硬隔离防护措施	（1）搭设前方案编制人员/项目技术负责人未向搭设班组进行安全技术交底。 （2）搭设作业人员未严格按照专项方案及规范进行搭设。 （3）过程检查要求不到位	（1）专人对电梯井脚手架进行技术交底。 （2）电梯井首层应设置双层水平安全网，每隔两层且不大于10m设一道水平安全网，施工层下一层井道内设置一道硬质隔断。 （3）加强过程检查，发现个别不符处及时纠正	 井道防护示意图

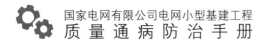

续表

编号	分部分项工程	通病现象及描述	原因分析	预防措施及标准做法	规范图片
4.14	安全网	安全网设置不规范：安全网材质不合格，网面破损，安装不规范，绑扎不标准	（1）使用不符合标准的安全网，质量、耐冲击强度不符合要求。 （2）安全网破损，现场未及时修复。 （3）首层未设置安全网。 （4）绑扎不规范，未用专用尼龙绳绑扎	（1）单、双排脚手架、悬挑式脚手架沿架体外围使用密目式安全网全封闭。 （2）密目式安全网宜设置在脚手架外立杆的内侧。 （3）安全网使用专用绑绳绑扎，与架体连接牢固。 （4）首层安全网立网应封闭至扫地杆处	使用专用绑绳绑扎安全网 安全网绑扎 安全网设置

续表

编号	分部分项工程	通病现象及描述	原因分析	预防措施及标准做法	规范图片
4.15	斜道	斜道搭设不规范：脚手架斜道坡度过大，且过陡，防滑条绑扎不牢固	（1）脚手架搭设方案考虑不全面，未涉及斜道。 （2）未向施工人员进行安全技术交底，工人不了解搭设要求。 （3）搭设随意，搭设过程检查控制不到位	（1）脚手架方案中综合考虑斜道搭设方案，并及时向工人进行交底。 （2）加强过程监控，确保严格按方案施工。 （3）运料斜道宽度不低于1.5m，坡度不应大于1∶6。 （4）人行斜道宽度不应小于1m，坡度不应大于1∶3	 斜道搭设规范 斜道搭设示意图

续表

编号	分部分项工程	通病现象及描述	原因分析	预防措施及标准做法	规范图片
4.16	脚手架拆除	脚手架拆除不规范：脚手架随意拆除或移动，拆除未经审批，顺序不规范，高空坠物、随意丢弃	（1）脚手架拆除未经专项审批。 （2）过早拆除或移动脚手架。 （3）脚手架承受荷载增加，超过设计值。 （4）未进行技术交底，拆除顺序不规范。 （5）拆除脚手架随意抛掷，引发高空坠物风险	（1）脚手架承受的实际荷载不得超过设计值。 （2）已承受荷载的支架和附件，不得随意拆除或移动。 （3）脚手架拆除经监理单位批准后，根据施工组织设计中的拆除顺序和措施实施。 （4）由施工单位负责人进行拆除的技术交底。 （5）应提前清除脚手架上杂物及地面的障碍物，防止高空坠物。 （6）设立警告牌，配备监护人，无关人员禁止靠近	 满堂脚手架搭设 脚手架拆除

续表

编号	分部分项工程	通病现象及描述	原因分析	预防措施及标准做法	规范图片
4.17	后浇带支撑	后浇带支撑不规范：后浇带无独立支撑、过早移动或拆除，荷载设计不符合要求	（1）后浇带未按规定设置独立支撑。 （2）后浇带支撑在施工完毕前过早拆除。 （3）后浇带支撑荷载设计不符合要求	（1）后浇带处模板支架应与整体模板支架分开设置，编制专项施工方案，编制计算书。 （2）独立支撑拆除必须经监理单位批准，后浇带施工完毕前严禁拆除。 （3）后浇带模板支撑必须按方案要求搭设立杆、水平杆、剪刀撑，保证稳固、密封、平整，具有足够强度、刚度、稳定性	 后浇带支撑搭设 后浇带支撑搭设

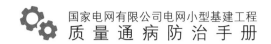

国家电网有限公司电网小型基建工程

第三部分　质量通病治理措施

1 / 土建工程

1.1 预制桩基础桩身断裂

治理措施：

（1）当施工中出现断裂桩时，应及时会同设计单位研究处理方法。根据工程地质条件、上部荷载及桩所在的结构部位，可以采用补桩的方法。

（2）条形基础补1根桩时，可在轴线内、外补桩；补2根桩时，可在断桩的两侧补；柱基群补时，补桩可在承台外对称补或承台内补桩。

1.2 泥浆护壁成孔灌注桩塌孔

治理措施：

（1）轻微塌孔，立即采取增大泥浆比重，提高泥浆水头，增大水头压力。

（2）塌孔不深时，可采用深埋护筒，护筒周围夯实，重新开钻。

（3）严重塌孔时，马上用片石或砂类土回填，或用掺入不小于5%水泥砂浆的黏土回填，必要时将钻机移开，避免将钻机被埋入孔内，待回填稳定后重钻。

1.3　基坑（槽）开挖涌砂、泡槽

治理措施：

（1）基坑（槽）开挖前，要求施工单位开挖前上报专项降水排水施工方案，按照设计要求做好降水排水井施工。

（2）开挖过程中按照规范要求对水位变化进行测量，地下水位应降低至基底设计标高 0.5m 后，方可进行土方开挖；并采取措施确保连续降水。

（3）开挖基坑（槽）周围应设挡水台、排水沟等。

1.4　土方回填密实度达不到设计和规范要求

治理措施：

（1）一是换土回填；二是翻出晾晒、风干后回填；三是填入吸水材料。

（2）选择回填的土料及其性质必须符合设计要求。

（3）设计有要求时，要通过现场土工试验，并且严格进行分层回填夯实。

1.5　土方回填产生橡皮土

治理措施：

（1）如果土方量很小，挖掉换土，用 2：8 或 3：7 灰土（雨、冬季不宜采用灰土，避免造成灰土水泡、冻胀等事故）、砂石进行回填。

（2）如果面积大，用干土、石灰、碎砖等吸水材料填入橡皮土内。

（3）如果工期不紧，把橡皮土挖出来，晾晒后回填。

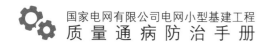
1.6　基坑支护工程边坡土方局部或大面积塌陷

治理措施：

（1）基坑开挖前按照地质勘查要求编制基坑开挖施工专项方案，严格按照方案要求进行开挖及放坡。

（2）雨季施工应分段开挖，做好排水设施并经常检查边坡和支护情况。

（3）施工过程中如遇地下水，应将水位将至槽底 500mm 以下再进行土方开挖。

（4）基坑（槽）边缘堆载应满足设计荷载要求，并距坑边 1.5m 以上。

1.7　钢筋表面锈蚀

治理措施：

（1）浮锈：一般不做处理，为防止锈迹污染，可用麻袋布擦拭。

（2）除锈：一是采用钢丝刷或麻袋布等手工方法；二是采用机械方法除锈，盘条细钢筋通过冷拉或调直过程除锈，粗钢筋采用专用除锈机除锈，如自制圆盘钢丝刷除锈机（在电动机转动轴上安装两个圆盘钢丝刷刷锈）。

1.8　混凝土露筋

治理措施：

（1）将外露钢筋混凝土和铁锈清理干净，清水冲洗湿润后用 1：2 或 1：2.5 水泥砂浆抹压平整。

（2）如露筋较深，应将薄弱混凝土全部凿掉，冲刷干净润湿，再用提高一级强度等级的细石混凝土捣实，并加强养护。

1.9 混凝土发生烂根、蜂窝、麻面

治理措施：

（1）对于烂根较严重的部位，应先将表面蜂窝、麻面部分剔除，再用 1:1 水泥砂将分层抹平，此项工作必须在拆模后立即进行。

（2）对于已夹入木片、纸或草绳的烂根部位，在拆模后应立即将夹杂物彻底剔除，用高强度干硬砂浆修补平整，必要时砂浆中可稍掺加细石。

（3）对于轻微的麻面，可以在拆模后立即铲除显出黄褐色砂子的表面，然后刮一道水泥腻子。如不是在拆模后立即进行，必须剔除表面松动层，用水湿润并冲洗干净，然后再刮一道水泥腻子。

（4）对于较大面积的蜂窝、麻面或烂根，应按其深度凿去薄弱的混凝土和裸露的骨料颗粒，然后用钢丝刷或加压水洗刷表面，再用比原混凝土强度等级高一级的细石混凝土（或掺微膨胀剂的混凝土）填塞，并仔细捣实。

1.10 混凝土夹层

治理措施：

（1）缝隙夹层不深时，可将松散混凝土凿去，洗刷干净后，用 1:2 或 1:2.5 水泥砂浆填充密实。

（2）缝隙夹层较深时，应清除松散部分和内部夹杂物，用压力水冲洗干净后支模，浇灌高一级别细石混凝土。

1.11 屋面工程变形缝漏水

治理措施：

（1）将漏水部位全部剔除后重新浇筑。

（2）使用高压注浆设备对变形缝漏水处进行注浆封堵。

（3）对于细小的裂缝导致的漏水，可以使用堵漏灵等材料进行堵漏。

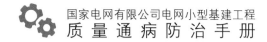

国家电网有限公司电网小型基建工程
质 量 通 病 防 治 手 册

（4）对于大面积的伸缩缝漏水，需要使用防水卷材进行重新做防水处理。

1.12 屋面工程防水卷材起鼓

治理措施：

（1）对于直径 100~300mm 的鼓泡，应先铲除鼓泡处的豆石，用刀将鼓泡按斜十字形割开，放出鼓泡内气体，擦干水，清除旧玛琦脂，再用喷灯把卷材部吹干，随后按顺序，把旧卷材分片重新粘贴好，再新贴一块方形卷材。

（2）对于直径更大的鼓泡用割补法治理，先用刀把鼓泡卷材割除，按上述做法进行基层清理，再用喷灯烘烤旧卷材槎口，并分层剥开，除去旧玛琦脂后，依次粘贴好旧卷材 1~3，上铺一层新卷材，四周与旧卷材搭接不小于 50mm，然后粘贴上旧卷材 4。再依次粘贴旧卷材 5~7，聚氯乙烯防水卷材上面覆盖第二层新卷材，最后粘贴旧卷材 8，周边熨平压实，重做豆石保护层。

2 / 装饰装修工程

2.1 墙面抹灰层空鼓、开裂

治理措施：

（1）先将空鼓部分凿去，四周凿成方块形或圆形，并凿进结合良好处 30~50mm，边缘凿成斜坡形，用钢丝刷刷掉墙面松散灰皮处理时，严禁混用不同品种、不同强度等级的水泥、砂。底层表面适当凿毛或毛化，凿好或毛化后，将修补处周围 100mm 范围内清理干净。

（2）修补前 1 天，用水冲洗，使其充分湿润，一天内最好浇水湿润两次，保证修补时加气块含水深度在 20mm 以上。

（3）修补时，先在底面及四周刷建筑胶素水泥浆一遍，然后分两次用和原面层相同材料的水泥砂浆填补并槎平。

2.2　墙面抹灰不平，阴阳角不垂直、不方正

治理措施：

（1）重新放线找直，将多余灰层铲除。

（2）湿润基层在基层刷建筑胶素水泥浆一遍，然后进行抹灰，抹灰时砂浆中掺入108胶并使用靠尺等进行检测。

（3）用阴角专用工具上下顺直，避免出现裂缝和不垂直方向。

2.3　陶瓷砖地面空鼓

治理措施：

（1）对于隆起地面，需使用特殊定制的刀片进行整块切割，挪出足够空间让瓷砖放平，清除瓷正反面残留水泥之后，重新铺设。

（2）对于空鼓不太明显，又必须处理的，需找到适当的灌注位置后，将琥珀胶灌入地砖下，灌注的过程中需敲打地砖，确认琥珀胶是否填满。

（3）如果地砖脱落，地砖下面的水泥砂浆层与墙面基层或地面基层也发生了松动"脱层"，那么可以用铲刀等工具清理掉水泥砂浆层，重新涂抹水泥砂浆后铺贴瓷砖。要注意的是，若瓷砖仅是局部脱落，千万不可用力敲打基础面上的砂浆，以防震松周围原本牢固的瓷砖。

2.4　面层石膏板开裂

治理措施：

（1）检查龙骨及石膏板是否固定牢固，如不牢固造成需进行加固，再进行补缝。

（2）龙骨及石膏板固定牢固的，应对裂缝进行清理，用刀片在微裂处进行刮割至缝隙宽度在2mm左右，然后使用嵌缝腻子补缝，让其干透后，刷白乳胶贴缝带，待完全干透后刮涂腻子两遍，待其干后用细砂纸打磨干净，涂刷乳胶漆。

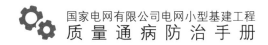

2.5　窗体与墙体接缝处渗水

治理措施：

（1）窗户本身漏水，需更换窗户本身。

（2）属窗体安装不规范产生渗漏的，在外窗体与墙接缝处用密封胶密封。

（3）如属于窗框槽排水孔的位置渗水，需把原洞口密封，并重新钻孔。

（4）检查外面窗框与窗台的密封情况，如果有缝隙，则把原来的密封处全部敲掉和铲掉，然后用耐候型的玻璃胶进行软性密封，再用水泥砂浆封住，做防水。

2.6　墙面乳胶漆泛碱

治理措施：

（1）将墙面彻底清理干净，用铲刀将泛碱的面层腻子全部铲去，用钢丝刷将表面的碱垢、浮灰全部刷去。

（2）涂刷界面剂、防水材料，然后涂刷到清理过的墙面上，确保涂刷均匀饱满，不留空隙，涂刷 24h 后，刮含胶石膏粉，待干透后刮第一遍腻子，待完全干透刮第二遍腻子，腻子干后打磨平整涂刷第一遍刷乳胶漆或者贴墙纸。

2.7　饰面板干挂脱落

治理措施：

（1）排查出干挂脱落部位，并扩大化寻找是否其他部位也有类似情况。

（2）将脱落部位的饰面板拆除，清理基层。

（3）对基层进行处理，达到要求强度。

（4）按照标准规范进行干挂施工，施工中注意和其他部位结合处的缝隙，确保干挂强度达标。

2.8　外墙保温层开裂

治理措施：

（1）将面层清理干净，查找开裂部位。

（2）增加锚钉数量，注意应用螺丝刀加固，严禁锤进。

（3）面层抹面胶浆内应嵌入耐碱网格布，并与周边保温层进行有效搭接，搭接长度不低于100mm。

2.9　密封打胶不顺直

治理措施：

（1）剔除原有密封胶，清理基层。

（2）晾干后，在打胶部位两侧贴好胶带纸。

（3）选用熟练的工人用标准胶枪匀速、均匀打胶。

2.10　外墙砖墙面渗漏

治理措施：

（1）空鼓板块需先返修，板缝的洞孔和裂缝须用勾缝砂浆或密封膏嵌填修补，墙面要求干燥，清除浮灰、积垢、苔斑等污物。

（2）将乳液和水按1：10~1：15的比例拌匀，用农用喷雾器或刷子直接喷（刷）在干燥墙面上，连续重复2次，使墙面充分吸收乳液，应注意避免漏喷。

（3）喷涂顺序为先下后上，或先喷下一段，再由上而下分段进行，不得跳跃或无序喷洒。

（4）陶瓷饰面砖墙面的喷涂重点是板块间的缝隙，应先用漆工刷沿纵横缝普遍涂刷一段再按上条规定喷涂一段。

（5）施工时，要求24h内无雨、雪、霜冻，风力在6级以下。

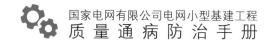
3 / 安装工程

3.1 导管接地不规范，与桥架相连接的导管接地不可靠

治理措施：

（1）接地是关键工序，事关安全问题，首先在施工前做好技术交底，务必在施工过程中做好此项工作。

（2）对于接地不可靠的，分析清楚是否是接头处松动等原因，能整改的整改，无法整改的更换新的接地线。

（3）对于漏做的务必按照规范要求做好接地跨接，并测量矫正。

3.2 照明配电箱（板）内线路交叉凌乱、回路标识不明确

治理措施：

（1）逐一捋顺箱内电线，并按照回路情况梳理整齐，做好回路标识。

（2）对于回路标识不明确的，根据箱内实际接线回路情况，重新做好回路标识。

3.3 装有电器的配电箱门，未接地或接地不可靠、无标识

治理措施：

（1）未做接地的，按照规范要求选用合格的接地软线做好接地。

（2）接地不可靠的，找出原因（材质、螺栓松紧度、接头连接点）及时整改。

（3）完成后对接地线路做好标识。

3.4　灯具等末端器具安装不整齐，外形观感差

治理措施：

（1）找出安装中心线，做好拉通线标识。

（2）找出合理美观的安装间距开孔。

（3）未在定位点处的灯具调整至定位点处。

（4）对于原来的灯具安装孔洞进行封堵、粉刷。

3.5　接线盒内导线分支接头采用缠绕法未搪锡、漏包缠绝缘层

治理措施：

（1）对于绝缘层缠绕不合格的，拆开后按照规范要求重新包缠绝缘层。

（2）未搪锡的，重新搪锡，待温度冷却后及时安排包缠防水胶布、绝缘层。

3.6　空调水管保温不密实、有空隙，易产生冷凝水

治理措施：

（1）进行详细技术交底，关于保温的厚度、规格、平整度、密实度等提出要求。

（2）保温材料进行安装前对其防火等级、品质等进行检查验收，合格后方可使用。

（3）保温施工时接缝处清理干净再涂刷胶水，刷胶水后几分钟再黏结。

（4）施工过程中加强检查，发现问题及时整改。

（5）施工完成后注意成品保护。

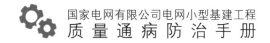

3.7 排水管坡度不规范，给排水管道坡度不符合设计要求，甚至局部有倒坡现象

治理措施：

（1）对于倒坡的问题一经发现，立即停工，检查问题所在（标高、图纸、马虎大意等），找到原因后通过提高或降低部分管道及支架标高来实现调整。

（2）无法通过调整实现的，则拆掉原有支架后重新调整支架标高。

（3）坡度不够的可以通过微调支架或增加木托厚度等方法调整；不好调整的部分拆除后重新敷设。

3.8 空调风机盘管风口安装不平、不美观，与装饰不协调、影响观感

治理措施：

（1）拆除原有风口，按照房间布局定好风口安装位置、尺寸（例：矿棉板材质的吊顶，风口宜选择和矿棉板宽度一致，长度约为一半的风口形式）。

（2）制作风口要求注意细节，保证百叶平行、开启灵活，确保喷漆或涂塑美观。

内 容 提 要

本手册包括总述、质量通病预防措施、质量通病治理措施三部分，质量通病预防措施部分主要分土建工程、装饰装修工程、安装工程及脚手架工程四个章节，从预防角度按分部分项工程对通病现象及描述、原因分析、预防措施及标准做法、规范图片进行了阐述；质量通病治理措施部分主要分土建工程、装饰装修工程、安装工程三个章节，从治理角度对通病出现后的治理措施进行阐述。

本手册可用于后勤专业人员业务学习或岗位培训，也可以作为后勤管理人员和相关专业人员的参考用书。

图书在版编目（CIP）数据

国家电网有限公司电网小型基建工程质量通病防治手册／国家电网有限公司后勤工作部编. —北京：中国电力出版社，2020.7
ISBN 978-7-5198-4527-8

Ⅰ.①国… Ⅱ.①国… Ⅲ.①电网－电力工程－工程质量－质量管理－手册 Ⅳ.① TM727-62

中国版本图书馆 CIP 数据核字（2020）第 050756 号

出版发行：中国电力出版社
地　　址：北京市东城区北京站西街 19 号　邮政编码：100005
网　　址：http://www.cepp.sgcc.com.cn
责任编辑：周天琦
责任校对：黄　蓓　马　宁
装帧设计：北京宝蕾元科技发展有限责任公司
责任印制：钱兴根

印　　刷：北京博海升彩色印刷有限公司
版　　次：2020 年 7 月第一版
印　　次：2020 年 7 月北京第三次印刷
开　　本：889 毫米 ×1230 毫米　16 开本
印　　张：14
字　　数：258 千字
定　　价：120.00 元